> 坚持公理，恪守法理，讲求事理，合乎情理，
> 不信歪理，明白道理，敬畏天理，捍卫真理！

人生思绪

RENSHENG SIXU

水 淼 ○著

人生，是一场话剧，有说，有笑，有哭有闹；
人生，是一场游戏，好过，恼过，也别扭过；
生活，是一场跋涉，走路难，做事难，做人更难。
人生，经常是为了生活舒心快乐，才招惹了不开心不快乐；人生，经常是为了求得满足幸福，才招惹了不知足挺痛苦。

黑龙江人民出版社

封面题字：徐　里

代 序

王伟光

  水淼先生的文字,字字珠玑,读后的快感浸润着每一个细胞,欢乐情绪会洋溢一整天。对于用内心写作的人,文字可见其闪闪发光的心灵世界。水淼先生的文字通俗、简洁,却又力透纸背。

  文如其人,章如其性。水淼先生的文字天然去雕饰,真情书写人生。阅读水淼先生的文章如同翻一本画卷观一江波澜,托一个花篮看一片纷繁,说一句美言表一块心田,送一份祝愿牵一缕挂念,端一碗清泉传一丝甘甜,泡一壶毛尖品一份良缘,干一杯浊酒见一腔情绵,给一度温暖晴一边蓝天。

  水淼先生文章每每随时记录,直抒胸臆,没有固定的体裁和格式,洒脱恣意地表达着眼里看到的、耳朵听到的、心里感悟到的,却有着初晴后雨"欲把西湖比西子,淡妆浓抹总相宜"的情韵,读来淡而有味,回味无穷。能在自己存在的地方,活成一束光,照亮他人前行的路,想必就是人生的

价值和意义。人生如白驹过隙，知天命的水淼先生看懂、看透、看淡了世间的很多。决定人有怎样视野，决定人能看到什么景色，绝不是人的眼睛，而是人的眼界！目不视人短，耳不闻人非，口不言人过，就会让我们在新旧交替的岁月和新陈代谢的世界，变得更加慈善温和。

一年时间，水淼先生又写了386个篇章。岁月无痕，人生思绪，文短情深，给予人启迪，亦能给前行者注入一股力量，无形却强大，足以能够抵挡突如其来的摧毁。

"努力成就人生。"读水淼先生的文字有如与长者交流，循循善诱。同行在人生路上，回头看，有一路生鲜活泼的故事；低头瞅，有一行坚实清晰的足迹；抬头望，有一片清清朗朗的天空。"人生最大的遗憾，莫过于错误地坚持，又加上轻易地放弃。"世事难料，遇事不必太固执，更不要太幼稚。无论面对怎样的变幻莫测，都要做出科学理性加上真挚感情的抉择！

"自律决定人生。"读水淼先生的文字有如与师者面对，谆谆教诲——心胸和心情会刻画人的面容，一个人有什么样的心胸和心情，就会有什么样的表现和表情！一般人，一张脸上的表现表情形象很复杂，变化也很多，但分门别类不外乎两个内心世界，并对应着两个外在境界，一个是郁闷至极、痛苦万状，另一个是欢欣鼓舞、欣喜若狂！

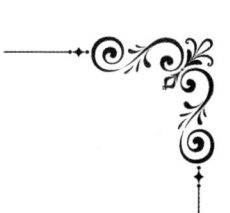

"机遇创造人生。"读水淼先生的文字有如与智者神游，扬思启智。人生要发扬"不倒翁"精神，"重心下沉，脚下生根"，不管被打翻多少回、按倒多少次，都能翻身站起。人的一生学而知之，但从失败中学到的东西，远比从成功的经验中学到的东西要多得多、更深刻。没有经历过失败的人生毫无意义，即便是拥有所谓的成就；没有经历过失败的人生毫无意义，即便是拥有所谓的成功，也只不过是一种巧合侥幸；没有经历过失败的人生枯燥乏味、单调空洞，甚至可以武断地说，简直就是绝对不可能。"励志坚定人生""勤奋铸就人生""价值体现人生""自信改变人生"，水淼先生文字之中透着睿智，有提醒，有劝说，有疏导，也有历史照进现实、引发价值体现人生的思考。

读完水淼先生书稿的日子恰逢农历二十四节气中的小寒，月初寒尚小，故云，月半则大矣，标志着冬季时节正式开始，却还没有达到极寒之际。冬寒慢慢爬上眉梢，北方多地亦是白雪皑皑，却也有着吴藕汀"小寒惟有梅花饺，未见梢头春一枝"的斗寒傲霜，静待花开的默默坚守，守着这样的文字和心境，无论身处何时何地，仿若三五好友举杯邀明月，虽不能时刻相伴，亦觉温暖常在。

因为有情，因为有义，这世间便有了诸多的美好和回忆。夜半时分，想念着远方这个时候水淼先生的样子，或许倚床

读书阅报，亦或桌前笔耕不辍。时钟的滴答声清晰而有节奏，仿若敲击的键盘声。喝掉淡得无色的最后一杯茶，撕去又一张轻飘飘的日历，洗漱完毕，准备就寝。卧榻之上，忽然想起了小时候读到的故事：太阳升起的时候，非洲草原上的动物就开始奔跑了。狮子知道如果它赶不上最慢的羚羊，就会饿死。对羚羊来说，也知道如果自己跑不过最快的狮子，就会被吃掉。于是，它们都会拼尽全力奔跑。其实，出生时每个人都是一样的，长大以后，随着环境的变化，有的会变成狮子，有的会变成羚羊。然而，在这个世界上，每个人所面对的竞争和求生的挑战都是一样的。"只争朝夕，不负韶华。"我对千里之外的水淼先生轻道一声晚安，关灯，闭目。祈愿余下的日子里，我们依然能够不用扬鞭自奋蹄，都像羚羊和狮子一样，努力奔跑，迎着早上的阳光……

以此代序，与君共勉。

王伟光

2020年2月10日于北京居所

目录 CONTENTS

第一卷 真情书写人生

一句如意来自惦记	/03
给一度温暖晴一边蓝天	/04
珍惜机缘 抢抓机遇	/05
心灵纯净 恪守孝道	/06
人要换位待人 要求关心 将心比心	/07
闲人是非多 懒人病殃多 忙人多快活	/08
忘却情感纠结 才能奔向美好生活	/09
相见不在早晚 诚心就能长伴	/10
珍惜了就关爱	/11
把握自己的现在 决定自己的将来	/12
历经数九寒冬 还持之以恒 所谓不可能 终将变成可能	/13
人生最美丽的那道风景 是自己纯洁无瑕的心灵	/14
逝者如斯夫 将心安放在今天珍贵的空间	/15
人生如画 写实写意 具象抽象都由自己	/16
过往一切的无心插柳 其实都是偶然中的必然	/17
地位再出众 不如做人与人为善能服众	/18
带上和颜悦色的情绪 亲密友谊来自诚心实意	/19
怒不过夺 喜不过予 管控情绪 善解人意	/20
梦想是风雨兼程里的明灯	/21

RENSHENG SIXU

目 录 CONTENTS

追梦圆梦过程漫长 拥抱梦想人生之路就会充满阳光！	/22
成功 需要天时地利人和齐备	/23
成功无须留恋 把握现在时 做好当下事——成功者忌	/24
没有沟通 人和人之间就少了理解包容	/25
生活中应多些笑脸面对 少些针锋相对	/26
患难未必见真情 日久肯定见人心	/27
总在计较别人的错 就是在伤害自己的心	/28
人生经历 不懈努力总是旺季 不去努力便是淡季	/29
朋友好比君子之交 真诚守候 魅力相吸	/30
值得品味！六个"1%和99%"的公式	/31
眼界 心胸 胆识造就格局	/32
越是大爱无疆 就越有好气场	/33
做自己人生的主角 自强的人不做看客	/34
选择性失聪 失明 失忆 也是一种领导艺术	/35
形式主义和官僚主义是对孪生兄弟	/36
乌云后面是灿烂的天空	/37
做人不攀比 做事懂舍取	/38
践诺不失信 追求不强求 君子遵道而行	/39
立言立行 清醒清明	/40
是非终日有 不听自然无	/41
暴风骤雨中 撑伞也前行	/42

RENSHENG GANWU

等待时机卧薪尝胆 机遇到来不遗余力	/43
有志者立长志 雷厉风行付诸行动	/44
科学判断抓住机遇 穷且益坚 不坠青云之志	/45

第二卷 努力成就人生

心中带着希望行走 沿途就会精神抖擞	/49
与志同道合者同行 一路坚实的足迹 一路朗朗晴空	/50
赠人玫瑰余香在手 帮助别人快乐自我	/51
惜时如金 不辜负每个清晨	/52
与时为友 发掘自我 收获快乐	/53
比下知足比上知不足 人生不气馁常乐常满足	/54
生儿生女都一样 可用银行打比方	/55
人生遇六好 幸事！要倍加珍惜	/56
得之坦然 失之淡然 顺其自然	/57
人生好像自然景 春夏秋冬各不同	/58
人生崇山峻岭 有希望憧憬才能欣赏壮美风景	/59
一个人能走多远 要看他与谁同行	/60
近水识鱼性 近山识鸟音 跟优秀的人在一起难平庸	/61
人要彰显海纳百川的大气 也要嫁接泥土芳香的地气	/62
取舍有道 义最重要	/63

目录 CONTENTS

最成功是让别人信任 最真诚是信任别人	/64
人生之路 用心行走	/65
与智者为伍 与善者同行 良师益友受益长久	/66
结庐在人境而无车马喧 快乐来自内心的平和	/67
精神境界越高尚的人 活得越简单	/68
经典十句话 启示人生	/69
在淡泊名利中更加坦荡 在慎思守志中更加高尚	/71
守住心灵的品级	/72
新年好 吉祥如意！祈福阖家安康 祝福国泰民安！	/73
充盈岁月不居 整理行装再出发	/75
人增岁月天增寿 在回首中勇敢追逐	/77
人生由来不满百 知足常乐想明白	/78
生活不是给别人参观点评的 生活是一生的自我经营	/79
生活要欢声笑语去奋斗 莫看落花流水添闲愁	/80
曙光就在前头 追梦者不回头	/81
善于将心比心 情感就会越来越深	/82
只有自己才能成就自己	/83
健康和人品是生存之本	/84
肯对青春忘我投入 用心血浇筑 青春才会永远眷顾和陪护	/85
人生就像坐车观光 车子总要驶向前方	/86
远离负能量 像阳光传播温暖一样给他人传递正能量	/87

掌握人性四大定律 人才会越活越明智	/88
豁达的人不斗 睿智的人不争	/89
厚德载物 品行是私德的内存与外溢	/90
总结经验 反思经历	/91
做事有度 过度随意而为会变成肆意妄为	/92

第三卷　自律决定人生

有了奴性就丧失了尊严和个性	/95
男人要有血性 做人果敢坦诚	/96
人要长记性 善学习 长本领	/97
牵手真爱的他（她） 铸就一个温馨家	/98
一生自律自励自强自检 才能沙粒成珠彩蝶破茧	/99
白驹过隙 抢抓机遇只争朝夕	/100
惰性会让人故步自封	/101
不懈努力是为了造就更好的自己	/102
不忘生命初心 不负大好光阴	/103
让心灵沐浴和映射阳光 自然会传递温暖热量	/104
摆正姿态平和心态 把握自己的势态	/105
命运不是机遇而是选择	/106
生命之希望 是一缕阳光 每一次照耀都要打开心窗	/107

目 录
CONTENTS

前程不是天注定 努力就会有变更	/108
人的善要表里如一 人的真要知行合一	/109
心胸和心情会刻画你的面容	/110
做人识相不出洋相 做事会干事干成事	/111
昂起头伸直腰 敢碰硬不硬碰	/112
捧颗诚心对人要信任 顺其自然重义重情分	/113
人生没有绝境 转个念想就会心升希望	/114
人要知书达礼 凡事以理服人	/115
生活不简单 人人都要尽量简单过	/116
任是非之人千般变化 自己必有一定之规	/117
亲朋好友不在于相识早晚 而在于珍惜着缘分处着情分	/118
一个人最擅长扮演的角色是"我"	/119
人生画卷要用自己的心血调色泼墨	/120
人天生有"人性弱点" 仅一个"好"字可见一斑	/121
很多事没有绝对的谁对谁错	/122
学业精深 源自勤奋	/123
厚积才能薄发 积小胜成大胜	/124
驰而不息 坚持就是胜利	/125
低调做人 高调做事	/126
干一行就要爱一行 钻一行	/127
家和万事兴 家睦才幸福	/128

乘风破浪会有时 创业路上斩荆棘	/129
基业要长青 基业要昌盛	/130
顺其自然是淡定 舍我其谁是豪情	/131
承受得了多大的压力 就能反弹出多大的动力	/132
爱出者爱返 福往者福来	/133
世界上有缺憾才是常态 不完美才叫人生百态	/134
快乐生活努力工作 让每寸光阴都在生命中闪烁	/135
自知者明 自明者静	/136
笑声是人生最美好最动听的音乐	/137

第四卷 机遇创造人生

一个人精神层次越往高走 越懂得应该如何正确取舍	/141
不去自寻烦恼 尽管一心向好	/142
若心里只装着自己 就会变得自私自利	/143
逐梦路上辛勤付出 笑看得失不谈甘苦	/144
人生道路稳健举步 日落之后必有日出	/145
成功之路何惧万夫当关 就怕改弦更张怯场畏难	/146
做事情 难在立志 贵在坚持	/147
想要自己坚不可摧 就要付出超常心血汗水	/148
心中有爱 生活才会更精彩	/149

RENSHENG SIXU

目录 CONTENTS

放下纠缠 心绪就会清净淡然 /150
纵然不能控制环境 却能够控制心情 /151
别把光艳遮掩 别把焦虑蔓延 /152
正能量的人 精神振奋 /153
不犹豫徘徊 不消极懈怠 抓住机会用好舞台 /154
春趣19句 横生妙趣 /155
习惯成自然 积久即成习 /157
勤奋好学律己从严 诚实守信待人以宽 /158
每天坚持9件事 人生会越来越顺 /159
正直善良往前走 幸福活过九十九 /160
环境造人 读书学习可以改变习性 /161
修行品性 远离恶劣习性 /162
精神上的富足能带来一生幸福 /163
人不能随心所欲改变颜值 却能尽心竭力改变气质 /164
人最先颓废的 是不亢不卑的"自尊心" /165
因果取向 不可逆向 /166
没法改变 就去适应 /167
用春光明媚的心态迎接阳光灿烂的日子 /168
"扬弃"意味着继承中有创新 弘扬中有放弃 /169
曾经走过的路 是最珍贵的财富 /170
想开放下 就会解开心结疙瘩 /171

目录 CONTENTS

小事开心 大事宽心	/172
人生要不断吸取教训 才会与时俱进	/173
天时地利人和三者利好 事事如意向好	/174
人生要发扬"不倒翁"精神"重心下沉 脚下生根"	/175
人生旅程遇坎受阻 要坚持"宜疏不宜堵"	/176
内敛组合与低调助推成熟成功的人生	/177
好强别逞强 示弱别软弱	/178
每个人的世界里 都有一条风景独好的观光线路	/179
人生要学会适时调节心情 于繁忙中寻一种惬意	/180
自己选择走的路 再陡峭也要坚守	/181
不会被一座山压倒的人 却可能被一块石头绊倒	/182
痛苦的生身父母是愚蠢和执着	/183
眼界决定境界 思维决定方位	/184
勤勤恳恳的人 终究会崭露头角	/185
煞费苦心去琢磨说 不如脚踏实地从细微做	/186
珍惜当下释怀所求 淡定轻松笑对今后	/187
越坚定信心就越充满信心 越坚守阳光就越充满阳光	/188
行事不可任心 说话不可任口	/189
说话有分寸 利好自身 恩及子孙	/190
说话是门技术 会说话是门艺术	/191

RENSHENG SIXU

第五卷 励志坚定人生

会说话是性价比最高的社交方式	/195
说话二十二戒	/196
命运顺风水 常看一张嘴	/199
人要善于交流 心情才不孤独	/200
好嘴能说会道 好心暖和到老	/201
不要让昨天的忧伤和今天的失望 黯淡了明天的希望	/202
行走过崎岖的山坡 更能体会到坦途的宽阔	/203
再怎么难 不过就是眼前	/204
一切随缘 顺其自然	/205
守好心 走好路 拥抱最美的生活	/206
人生中最美的 不是景观 而是情感	/207
铭记感动与阳光 人生才有笑语欢歌	/208
万丈高楼平地起 干大事要从小事做起	/209
人生从来都是得与失的交响曲 而主旋律就是向善向上进取	/210
一生两件错事千万不能做 欺骗信你的人 伤害爱你的人	/211
生命不相信偏爱 更不相信例外	/212
生活对每个人都是一视同仁的	/213
不为乌云遮望眼 波涛之上有蓝天	/214

对"不幸"总是念念不忘就难以点燃生命的希望	/215
历经苦难仍从容 砥砺前行更淡定	/216
别怕黑暗 穿过它就是光明	/217
作用不分年龄长幼 功名不在排名前后	/218
棋局变幻无常性 悠悠我心愈淡定	/220
生命中的每一天都是一次起步	/221
不忘初衷 方有始终	/222
"人生精进"的10项原则	/223
自强不息君行健 厚德载物朗乾坤	/225
成功路只需要迈四步：相信 行动 感恩 坚持	/226
不滞于物 不困于心 不乱于人 不失自我	/227
不为斗米折腰 不为物欲所累	/228
诚信可赢天下 守信方得人心	/230
勇敢者的路 永远就在脚下	/231
征服弱点的锐利武器 就是自觉加强自律	/232
善良是心底发出的温度 恰如其分的善心还要有硬度	/233
自律自警 对诱惑保持清醒	/234
走好想走的路 做对想做的事	/235
人生从来没有捷径 成功依靠自律垫步	/236
生活中勇于放弃彰显大气 敢于坚持源自勇气	/237

RENSHENG SIXU

第六卷　勤奋铸就人生

幸福很简单　简单尽开颜	/241
越是前途受阻　越是不能掉队落伍	/242
人生路上自立自强　铸造辉煌　精神家园纯洁高尚　靓丽风光	/243
别让昨日带泥的雨滴淋湿今日美丽的锦衣	/244
"有容乃大"　宽容才能和人顺利交流交融	/245
简单的人　常遇美丽的风景	/246
一个人真要做事有功业　就要不怕爬坡奋进开拓	/247
简单　一切都会如初见般美好	/248
要拼搏　但不要拼命	/249
保持健康体魄　是一种责任	/250
保持距离把握分寸　彼此珍重珍爱珍惜	/251
愿我爱的人　爱我的人　都开开心心一辈子	/252
人生大舞台　人人都有自己的角色	/253
关爱是因为稀罕　沉默是因为包容	/254
不论规划的蓝图有多宏伟　都必须脚踏实地才能写峥嵘	/255
命运只青睐那些勤于修身勤奋劳动的人	/256
命运之神从来不随意偏爱任何人	/257
为人最好的境界是花未开全　月未全圆	/258
脑袋向上仰　眼光向上望　手心向上张	

看似都一样 实质是乱象	/259
人生要慎独 慎微 慎染 慎初 慎终	/260
君子慎微	/261
"慎染"就是要见贤思齐 见不贤而内自省	/262
"慎初"就是要关口前移 不存侥幸之心 不入歧路之途	/263
君子慎终则无败事 贵在坚持	/264
今天的生活全部是限量版 明天的生活都应该是升级版	/265
知人之明是才智加理智	/266
自知之明是明智	/267
坚持是成功的秘诀	/268
一则古代笑话中的哲理：尊重是相互的	/269
生气 百弊无利	/270
一则古代笑话嗑 一个哲理很深刻	/271
凡事让三分 退一步	/272
有事没事别生气 成事坏事伤身体	/273
知人知面未必知心 识人不能以貌定论	/274
生气不生气全都在自己 如意不如意也都在自己	/275
不要过分爱慕虚荣 它会让你心如绞痛	/276
人无完人 金无足赤	/277
做人要踏实厚道 讲诚信	/278
相信的力量背后是见识和格局	/279

凡事不能只考虑个人 不顾及他人 /280
你所相信的 就是你的命运 /281
一个人相信什么 未来就会靠近什么 /282
诚实面对自我 切莫弄巧成拙 /283
懂得灵活变通才能远离被动 /284
笑看花开是宁静的喜悦 静赏花落是随缘的洒脱 /285
事不关己高高挂起的心态不可有 /286
只有我们相信的东西 才有可能反过来选择我们自己 /287

第七章 价值体现人生

端庄厚重 谦卑含容 事有归着 心存济物 /291
成功来自坚韧 坚韧来自执着 /292
重剑无锋 大巧不工 /293
坚韧永远 能把人从失败的阴影里带到胜利的光环下 /294
谦卑含容是福相 做事顺利做人成功 /295
坚持到底就有可能创造奇迹 /297
事有归着脚踏实地 善于抓落实富有执行力 /298
成长就是越来越有自知之明 充分自信砥砺前行 /299
心存济物 就是要懂得关心"外物" /300
顺境中不妄自尊大 逆境中不妄自菲薄 /301

目录 CONTENTS

傲慢无礼和多言乱语是人的两大凶德和弱点	/302
人生就像盖房子 打好基础才有高楼巍峨矗立	/303
一个人骄傲失礼 结果总是在骄傲里毁灭了自己	/304
为了生计而工作是职业 出于喜欢而工作是事业	/306
恶言不出于口 忿言不反于身	/307
事业和职业最理想的结果是相互吻合	/309
追求幸福和规避痛苦 决定性因素是如何选择	/310
忘记了自己在生活 就意味着丢失了自我的世界	/311
每个人的经历都值得回忆 只有善于总结才不乏启迪	/312
事业有成未必神经紧绷 轻松愉快才是真金白银	/313
苦中乐和苦后乐是幸福感的最高境界	/314
收获理想成绩 必须付出不懈努力	/315
有了好心态 活得就自在	/316
有一种自信叫"我能行" 有一种品格叫"我可以学"	/317
灵魂是感应幸福的"基站" 幸福是来自灵魂的体验	/318
静！不是简单保持静态 而是沉淀灵魂最美状态	/319
老来疾病 全因壮时折腾 衰时遭罪 都是盛时胡为	/320
人与人之间微小的差异 会在学习和实践中拉大差距	/321
梦想得以实现带来的快乐 是来自于精神层面上的快乐	/322
思维角度 认知态度 眼界广度 决定进步的长度高度和速度	/323
风风雨雨才是常态人生 不言放弃就是信念坚定	/324

RENSHENG SIXU

自信人生竞风流　劈波斩浪立潮头　　　　　　　　　　/325
一个人追求幸福的最高境界 是发自内心的平静淡泊　　/326
不是生活决定了人生的品位 而是人生品位决定了生活　/327
人生不易也要把最好的自己留给峥嵘岁月　　　　　　　/328
人无压力轻飘飘 人的本事是逼出来的　　　　　　　　/329
生命越主动 生活越生动　　　　　　　　　　　　　　/330
习惯逼自己向前迈步 人生会越走越有前途　　　　　　/331
痛苦一解除就是幸福 灾难一解脱就是欢乐　　　　　　/332
最好的成长 莫过于锻造的坚强　　　　　　　　　　　/333
以柔克刚 以笑治恼　　　　　　　　　　　　　　　　/334
做到光明磊落才叫真洒脱 做到问心无愧才叫做得对　　/335
凑合人格失底线 凑合人性打折扣　　　　　　　　　　/336
每一次非凡历练都是一次锻造 每一次攻坚克难
　都是一次大考　　　　　　　　　　　　　　　　　　/337
因不失志 顺不张狂　　　　　　　　　　　　　　　　/338
理性分析不偏激 全面客观不武断　　　　　　　　　　/339
追求想要的幸福 就要全心全意付出　　　　　　　　　/340

第八章 自信改变人生

漫漫人生路 堂堂正正走　　　　　　　　　　　　　　/343

不凑合 是一种韧性	/344
太阳总是新的 每天都充满希望	/345
物尽其用 人尽其享	/346
遵循利弊取舍法则 该离开的就要告别	/347
一年一岁一枯荣 岁岁枯荣岁岁荣	/348
距离产生"美" 分寸保鲜"亲"	/349
情真意切人人有 顺其自然不强求	/350
每一天都要改造自我 向往更加美好的生活	/351
沉溺回忆 过不好现在 只盯遗憾 看不清未来	/352
只要倾心做一件事情 心中的愿景才会对你情有独钟	/353
每一个现在 都是最好的安排	/354
放下"过不去" 人生才能顺心如意	/355
人的一生都正向成长 因为谁也强大不到极点	/356
父亲不说万语千言 深情却是万水千山	/357
什么精神状态 决定了什么气氛姿态和发展势态	/358
扬长避短 扬长补短 一往无前 一生追赶	/359
成熟的善良和善良的成熟 是既有温度又有高度和厚度	/360
能忍受别人忍受不了的苦难 就能得到别人得不到的甘甜	/361
坦然接受自己不能改变 必然努力改变自己能够改变的	/362
人生如茶 茶鉴人生	/363
一个人自我实现的能力取决于自制力	/364

RENSHENG SIXU

目录 CONTENTS

诚实守信 是每一个人安身立命的基本遵循	/365
自制力就像一个哲人智者 给你讲授人生的心得	/366
人生有贡献 就有价值	/367
自律能够带给人发自内心的平静和享受	/368
人与人之间来往像夏日骄阳 明艳而不滚烫 火热而不灼伤	/369
性格决定命运 细节决定成败	/370
人生渴望艳丽多娇 但谁的人生也不会总是艳阳高照	/371
把超越自己作为新的起点 人生必然沿着高贵的路线 一往直前	/372
内心时时刻刻敞亮 人生才时时处处充满阳光	/373
惟有为人诚信 才能让人信任	/374
一生之中能有多少收益 关键在于能抓住多少机遇	/375
每个人都是自己命运的建筑师	/376
走过曲折跨越坎坷 绘就最绚丽壮阔的人生风景	/377
把内心世界修炼成什么境界 就会拥有什么样的人生风景	/378
素心做人 是一种纯真	/379
谦受益 诚也受益	/380
一步一趋都在前行 一生一世都要追梦	/381
忍一忍 就会时过境迁 让一让 总能避免顶撞	/382
生活是一场跋涉 不畏艰难才能舒心快乐	/383
最惨痛的教训 就是不吸取自己的教训	/384

高山追求直耸蓝天的巍峨 我们追求无愧人生的梦想	/385
海纳百川 有容乃大	/386
承受得越多 越能抗压承重	/387
宽以待人是人生的率真和自然	/388
喜欢的事情要带着一颗热心 义无反顾地为它奋斗终生	/389
包容并蓄就像温润的春雨 让人间充满暖意	/390
只要一心向好 岁月自然给你一份美好	/391
有理不在声高 讲理未必话密	/392
人在履行职责中得到幸福	/393
纯洁的心灵一直光明 和谐的世界总是回应	/394
人生每步走得实在 每一天都活得自在	/395
人生不计较 一切都安好	/396
眼宽容景 心宽容人	/397
抵制诱惑控制欲望 充满阳光向善向上	/398
山各有各的高度 人各有各的长处	/399
勤奋不是天生带来 而是后天养成	/400
眼里的世界 都是内心的"选择"	/401
怎么支配时间 决定了一个人一生的生活质量	/402
决定人有怎样视野 看到什么景色 不是眼睛而是人的眼界	/403
世上最珍贵的东西不是聪慧 而是勤快	/404
眼界的提升 是一个循序渐进逐步积累的过程	/405

RENSHENG SIXU

目录 CONTENTS

生性懦柔 容易被他人情绪所左右	/406
朋友应重质 生命亦如此	/407
你的追求 你的渴望 都将变成你的动力	/408
成功的人看目标 克服困难 不成功的人看条件 屈服困难	/409
人生能有几回搏 做人做事不容"差不多"	/410
有自信心 才能更多地储蓄和更快地提升自身价值	/411
只有轻装上阵 才能快速远行	/412
人生在世 言逊为宜	/413
百折不回 向理想彼岸坚毅奋飞	/414
安分守己度时光 内敛积蓄正能量	/415
每一步攀登都有脚踏实地的坦然	/416

第一卷

真情书写人生

ZHENQING SHUXIE RENSHENG

人生思绪　RENSHENG SIXU

一句如意来自惦记

一生相识,来自天意。

一直珍惜,来自心意。

一段友谊,来自诚意。

一份美丽,来自回忆。

一句如意,来自惦记。

一种情义,来自心底。

给一度温暖晴一边蓝天

翻一本画卷观一江波澜，
托一个花篮看一片纷繁，
说一句美言表一块心田，
送一份祝愿牵一缕挂念，
端一碗清泉传一丝甘甜，
泡一壶毛尖品一份良缘，
干一杯浊酒见一腔情绵，
给一度温暖晴一边蓝天。

珍惜机缘 抢抓机遇

谋事做事——

既要当断则断，珍惜机缘，抢抓机遇，

又要创造条件，顺其自然，处之泰然；

既要果敢追求，坚定执着，弥坚恪守，

又要顾后瞻前，统筹全面，决胜全盘！

人的一生从来没有尽善尽美，只有不断更加完美；人只要做到了想开释怀，你的周围环境永远都是蔚蓝晴朗！

心灵纯净 恪守孝道

个人心灵不纯净,
大富大贵没有用。
为人不孝,对生身父母都不尽孝心,对别人百般殷勤必是别有用心;
为人不忠,对组织培养都不去感恩,对上司百般讨好终究没有好报!

人要换位待人
要求关心 将心比心

人要换位思考,要想公道,打个颠倒;
人要换位待人,要求关心,将心比心;
人要换位做事,得道多助,失道寡助;
人要换位合作,要想团结,先有理解。

闲人是非多 懒人病殃多 忙人多快活

馋人拨灯闻香味儿,懒人哼哼躲清静儿,傻人充愣缺心眼儿。

闲人是非多,懒人病殃多,忙人多快活!

好人有好报,不会不回报,迟早要来到;恶人有恶报,不是不相报,时候还未到!

忘却情感纠结
才能奔向美好生活

每一次重新选择,总是感觉到心里堵着死疙瘩,难以破解;

每一次重新跨越,总是感觉到面前挡着障碍物,难以超过。

实际上,能够阻遏自己奔向更加美好生活的,恰恰是自己本想忘却而又难以割舍的情感纠结!

相见不在早晚
诚心就能长伴

相见不在早晚,诚心就能长伴;

相处不在亲疏,爱护就能留住;

相知不在深浅,真懂就能温暖。

相聚热闹的,未必就真心;

相对无语的,未必就无意;

相互批评的,未必就薄情;

相惜如金的,未必就亲近!

珍惜了就关爱

想开了是幸福,想不开是痛苦;

放下了挺轻松,放不下挺沉重;

跟上了是同行,跟不上是外行;

弄懂了叫明白,弄不懂叫瞎掰;

珍惜了就关爱,不珍惜就祸害!

**把握自己的现在
决定自己的将来**

认识自己的方式,决定自己的价值;
涵养自己的投入,决定自己的前途;
选择自己的同伴,决定自己的发展;
把握自己的现在,决定自己的将来!

历经数九寒冬 还持之以恒
所谓不可能 终将变成可能

立志不难,难的是历经星移斗转,而初心不改;

付出不难,难的是历经时过境迁,仍甘心奉献;

追梦不难,难的是历经数九寒冬,还持之以恒。

再多一点恒心,再多几分韧劲,所谓不太可能,终将变成可能。

人生最美丽的那道风景
是自己纯洁无瑕的心灵

生命最美丽的模样，历来都是非常安详的，所有生命中最美丽的回放，向来都值得永远珍藏。

人来尘世是为了创造和寻找美丽的。最美丽的那道风景，就是自己上善若水、纯洁无瑕的心灵。

人生全部经历就是一个名胜景区，越是往前走去，就能越来越看清人生的意义，也会留下更多变化成为历史古迹的坚实足迹；越往前走去，就能遇见越来越美好的自己，也会感到人生五彩斑斓的风景线越来越有意思。

逝者如斯夫
将心安放在今天珍贵的空间

无论昨天的"过去时"让自己骄傲,还是让自己焦虑,都别让它占据今天需要倍加珍惜而又十分珍贵的空间。

不管今天的"进行时"让自己心安,还是让自己心烦,都要让它符合今天十分客观而又非常乐观的心愿!

人生如画 写实写意 具象抽象都由自己

　　人生画面总体上是写实的，但是，如果太过真实具象了，反而像黑白照片，单调呆板而且缺乏色彩。

　　人生画面局部上有写意的，但是，如果过于失真抽象了，反而像泼墨片面，杂乱无章而且远离精彩！

过往一切的无心插柳
其实都是偶然中的必然

世界上没有免费的午餐，也没有白费的努力，更没有零耗费的成功；人生中过往的一切"无心插柳，柳成荫"，其实都是偶然中的必然，都是水到渠成。

今天看到的"台上三分钟"的精彩亮相，正是源于经历了"台下十年功"的出尽洋相；

今天看似的"得来全不费功夫"，正是因为亲历了数不胜数的"踏破铁鞋无觅处"；

今天看见的一瞬间"华丽转身"，正是由于铺垫了数不尽的辛勤耕耘。

地位再出众
不如做人与人为善能服众

人格是人世间最平等的规格；
人品是人世间最昂贵的精品；
人缘是人世间最亲善的情缘；
人心是人世间最精准的重心。
坐骑再豪华，不如做人腹有诗书气自华；
地位再出众，不如做人与人为善能服众；
声望再远扬，不如做人谦虚谨慎不张扬。

带上和颜悦色的情绪
亲密友谊来自诚心实意

有人做过统计分析,人与人的交流沟通,70%是情绪,30%是内容。结论是,情绪不愉悦,内容就会被曲解。

一个人没有好情绪,有心里话也不会好好说或者干脆就不说;

一个人没有好情绪,真心话不论好听歹听都听不进去。

甚至是,坏脾气一触即发,一发而不可收,反而把沟通变成了吵架,反睦成仇。

沟通交流为的是友情更深厚,友谊更长久。亲密友谊来自诚心实意。带上和颜悦色的情绪,带着诚恳亲切的语气,就能时时刻刻感受到至爱亲朋的深情厚谊。

怒不过夺 喜不过予
管控情绪 善解人意

专治得你没脾气的,是你爱的人;
忍受得了你耍脾气的,是爱你的人。
管控得了情绪,人就争取了主动;
反被情绪操控,就注定了要被动。
要想拥有好的人际关系,就要——
善于善解人意,
善于管控脾气,
善于理顺情绪,
善于善治心地,
切忌与人为敌,到处树敌。

梦想是风雨兼程里的明灯

我们都是追梦人,

人人渴望梦成真!

梦想是风雨兼程里的明灯;

梦想是世态炎凉时的温情;

梦想是精疲力竭后的奋争。

一个人,

有了梦想,就有了砥砺前行的方向;

有了梦想,就有了攻坚克难的胆识;

有了梦想,就有了坚持不懈的意志;

有了梦想,就有了擘画未来的愿望;

有了梦想,就有了昂扬向上的力量。

追梦圆梦过程漫长
拥抱梦想人生之路就会充满阳光

追梦圆梦的过程是漫长的,需要坚持的信心,需要必胜的决心,需要隐忍的耐心。

追梦圆梦的征程是坎坷的,不知道会遇到多少个出乎意料,也不知道会遇到多少次挫折失败,更不知道会遇到多少回犹豫不决。

但只要不灰心丧气,不轻言放弃,始终坚持梦想,始终拥抱梦想,人生之路就会充满阳光!

成功 需要天时地利人和齐备

成功固然让自己鼓舞，令别人羡慕，但对成功做一番回顾，其中道理也给人感悟。

成功，需要执着坚持、持之以恒；

成功，需要日积月累、积小胜为大胜；

成功，需要蓄力爆发、厚积薄发；

成功，需要煎熬忍耐，耐住寂寞；

成功，需要天时地利人和齐备，正像深沉需要沉淀、悟性和启蒙三位一体。

成功无须留恋 把握现在时 做好当下事
——成功者忌

切忌过度留恋成功的过程,要知道,再怎么成功都是"过去时""过去事",历史已翻篇,挑战正出现,实践在检验。

切忌过度迷恋别人的吹捧,要知道再怎么英雄都不是"非我不能",充其量是份"头功"绝不是"独功"。

切忌过度贪恋功名,要知道再怎么成功都是大家的功劳、集体的荣耀,功高不可盖过主,水大不能漫过桥。

没有沟通 人和人之间就少了理解包容

人和人互信最可贵的是报以真诚；

人和人互敬最难得的是彼此珍重；

人和人互动最重要的是相互沟通。

没有了真诚，人和人之间就少了相互认同；

没有了珍重，人和人之间就少了彼此尊敬；

没有了沟通，人和人之间就少了理解包容。

生活中应多些笑脸面对少些针锋相对

生活中要常去谦让妥协,一切照旧就少不了迁就,绝不是所有的事儿都要认认真真,有时候即便挺认真,也不必忒较真。

生活中应该多些笑脸面对,少些针锋相对。即便事与愿违、走向了反面,也不必当对立面。

谦让妥协不一定是软弱,理解包容更不是认怂!千万不要对你的最爱发火,千万不要让你的最爱上火!

患难未必见真情
日久肯定见人心

患难未必见真情，

日久肯定见人心。

人眼有局限，用眼看人，难免失真；

人心隔肚皮，用心观人，才叫认真。

总在计较别人的错
就是在伤害自己的心

  真正的信任甚至可以相信到了放任的程度！即便是友人背后开枪打了我，我就当是他（她）擦枪走了火！

  总在计较别人的错，就是在伤害自己的心；

  总能忘记别人的错，就是在宽慰自己的心！

人生经历 不懈努力总是旺季
不去努力便是淡季

大人的世界里，总是喜怒交织，既有开心事儿，也有烦心事儿；

大人的笑容里，总是哀乐参半，既有外人不知的哀愁，也有外人不知的快乐；

大人的生活里，总有难易混杂，既有力所不及的难题，也有迎刃而解的简易。

一个人一辈子的生命旅行季，不会有泾渭分明的春夏秋冬。人生经历没有四季，只有两季；不懈努力总是旺季，不去努力便是淡季！

朋友好比君子之交
真诚守候 魅力相吸

朋友好比陈坛老酒,储藏时间越长越香醇、味道越浓厚;

朋友好比护宅门神,不分早晚昼夜都聚精会神,不论冷暖阴晴都专注尽心;

朋友好比战略伙伴,肝胆相照、荣辱与共,一损俱损、一荣俱荣;

朋友好比洁净面镜,真实反馈、身影相对,丝假不掺、心照不宣;

朋友好比君子之交,无欲无求、真诚守候,灵魂伴侣、魅力相吸!

值得品味！
六个"1% 和 99%"的公式

六个"1% 和 99%"的公式，有些故事，有些道理；有点意思，有点意义。

天才 =1% 的聪明 +99% 的勤奋；

成功 =1% 的智商 +99% 的情商；

赢牌 =1% 的牌技 +99% 的运气；

误会 =1% 的得罪 +99% 的恩惠。

一群名校学生 =1% 的蠢材 +99% 的人才；

一群无知文盲 =1% 的人精 +99% 的平庸。

眼界 心胸 胆识造就格局

格局决定布局,

布局决定大局,

大局决定结局。

格局 ＝ 眼界 × 心胸 × 胆识 ×……

格局就是眼界、心胸、胆识的有机组合和叠加乘积。

越是大爱无疆
就越有好气场

一个人越是昂扬向上，就越有方向性；

一个人越是理想高尚，就越有正能量；

一个人越是心灵纯真，就越有精气神；

一个人越是大爱无疆，就越有好气场；

一个人越是内修涵养，就越有舒服感！

做自己人生的主角
自强的人不做看客

要做一个自强的人,要把自个儿当作人生的主角;

不做一个愚昧的人,别把自个儿当作人生的看客;

不做一个懦弱的人,别把自个儿当作人生的陪客;

不做一个虚度的人,别把自个儿当作人生的过客!

选择性失聪 失明 失忆
也是一种领导艺术

领导者要选择性养成六种病：

第一，要选择性做"失聪"患者，对不该听的充耳不闻，耳聋不怕雷轰；

第二，要选择性做"失明"患者，对不该看的视而不见，睁一眼闭一眼；

第三，要选择性做"失忆"患者，对不该记的过往就忘，该记记该忘忘；

第四，要选择性做"失眠"患者，对不该放的紧抓不放，朝也思暮也想；

第五，要选择性做"失恋"患者，对不该爱的当断则断，不可藕断丝连。

第六，要选择性做"失衡"患者，对不该均的打破平均，不可好坏不分！

形式主义和官僚主义是对孪生兄弟

形式主义和官僚主义互为因果，形式主义助长官僚主义，官僚主义催生形式主义。

形式主义和官僚主义是对孪生兄弟，在"务虚务实"相结合上务必提高警惕！如果脱离了当前正在做的事情的实际问题去务虚，最容易导致形式主义毛病；如果忽视了群众最关切的切身利益去务实，必然沾染官僚主义痼疾！

乌云后面是灿烂的天空

不如意会因尽心尽力而远去。

人生十有八九不如意，关键看自己在意不在意。

在意了不如意，就难免陷进去，要么对立，要么逃避，要么犹豫，要么抑郁。

碰到不如意，要考虑是不是由于不容易，才导致了不顺利；

碰到不如意，要考虑是不是真的有意义，如果没意义就当没有这回事，干脆就放弃；

碰到不如意，一定要反求诸己，是不是自己过于自私利己，而且还虚高了事情的预期！

做人不攀比
做事懂舍取

做人莫攀比,人比人得"死";

做事莫瞎比,货比货得"扔"!

做人不比,不等于不知进取;

做事不比,不等于不懂舍取!

践诺不失信 追求不强求
君子遵道而行

为人处世、合作共事的"八对'不'字经":

1. 传统不保守,喜新不厌旧。

2. 干活不偷懒,用权不专断。

3. 放心不放任,共事不整人。

4. 践诺不失信,伤人不伤心。

5. 骂人不揭短,打人不打脸。

6. 动怒不动粗,动口不动手。

7. 入流不同污,好酒不酗酒。

8. 执着不固执,追求不强求!

立言立行
清醒清明

做人要正念正心，

做人要诚实诚信，

做人要向善向上，

做人要自信自强，

做人要立言立行，

做人要清醒清明，

做人要干事干净，

做人要求真求新！

是非终日有
不听自然无

是非终日有,不听自然无;

有人信是非,故有搬弄人。

是非有人传,源于有人信;

信了亲成仇,不信和睦亲。

暴风骤雨中
撑伞也前行

暴风骤雨中，撑伞也要前行；

挫败损失后，含泪也要经营。

大路朝天，本该各走一边，但磕磕碰碰却无法避免；天下情缘，本来各有所恋，怎奈合合分分总是难遂人愿。

生命中的一切呈现，许多事件我们都无法预见，但也无须拒绝埋怨，而要笑着面对。有时要以变应变，有时则以不变应万变。

等待时机卧薪尝胆
机遇到来不遗余力

追梦征程必须扬帆启程！但这个追梦之旅，并不是一直要高歌猛进、扬鞭奋蹄。

机遇到来，需要铆足劲头去冲刺拼搏时，就得鼓足勇气，不遗余力；

等待时机，需要蓄足势能去厚积薄发时，就得卧薪尝胆、耐心等待。

该坐冷板凳时，就要坐下来冷思考；

让冲锋陷阵时，就得冲上去热运行；

遇艰难困苦时，就要强起来砥砺前行；

到风调雨顺时，就动起来大获收成！

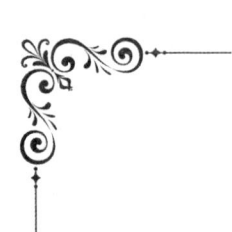

有志者立长志
雷厉风行付诸行动

有志者立长志,有志者事竟成。

立志要志向高远不短浅,要不懈努力,不能急功近利。

立志要付诸行动不盲动,要雷厉风行,不能慢慢腾腾。

立志要善做善成不折腾,要久久为功,不能时紧时松。

立志要肯下笨功不取巧,要苦干建功,不能巧取功名!

科学判断抓住机遇
穷且益坚 不坠青云之志

  机遇对成功很重要,德才兼备缺机会也不大可能有作为。有人把它比喻成"挖井论",幸运的人只挖了浅浅的一层,便泉水喷涌。

  坚持对成功很重要,坚持就是胜利。有人也用"挖井论"来形容,有的人挖掘不停,付出了不少辛劳汗水,也挖出了源源不竭的井水。

  选择对成功很重要,不同的抉择就会有不同的结果。有人还运用"挖井论"打比方,有的人也一直在挖、一直在挥洒汗水,但是直到寿终正寝也没冒出水影。

  人生旅程常常面临十字路口,选择了正确的方向和合适的目标就相当于选择好了"路线图",制订好了"责任书",在有限光阴的"时间表"内,还要科学研判和抓住用足机遇,经过驰而不息、坚持不懈的努力,终究会在人生大考长考中考出优异成绩。

人生思绪 RENSHENG SIXU

第二卷

努力成就人生

NULI CHENGJIU RENSHENG

人生思绪 RENSHENG SIXU

心中带着希望行走 沿途就会精神抖擞

心中照着朝阳，走到哪里哪里都充满阳光；

心中住着祝福，走到哪里哪里都不会孤独；

心中怀着感恩，走到哪里哪里都碰到贵人；

心中想着亲善，走到哪里哪里都觉得温暖；

心中带着希望行走，沿途就会精神抖擞！

与志同道合者同行
一路坚实的足迹 一路朗朗晴空

最自在的生活方式,不是"倒着"不起床;

最美好的生活方式,不是一直睡到自然醒;

最清闲的生活方式,不是坐在家里没活干;

最健康的生活方式,不是加强锻炼超负荷;

最舒心的生活方式,不是万事如意不生气。

最积极、最健康、最科学的生活方式,就是人群中"寻找最大公约数",志同道合,一起营造和分享快乐!

同行在人生路上——

回头看,有一路生鲜活泼的故事;

低头瞅,有一行坚实清晰的足迹;

抬头望,有一片清清朗朗的天空。

赠人玫瑰余香在手
帮助别人快乐自我

宇宙间有能量守恒定律为应验，

人世间有得失守恒定律在对应！

别人在你的心里到底有多重，

你在别人的心里肯定就有多重。

一生之中，"礼尚往来"互动是双向平衡的：

你诚心诚意地尊重过多少人，就有多少人诚心诚意地尊重你；

你坚定不移地信任过多少人，就有多少人坚定不移地信任你；

你尽心竭力地帮助过多少人，就有多少人尽心竭力地帮助你。

回过头来看人生——予人方便，实际上是予己方便；助人等于助己，"人人为我，我为人人"！

惜时如金
不辜负每个清晨

金钱，对于人而言很贵重，要珍惜。但失去了或用光花完了，还可以再挣再攒再拥有；

时间，对于人而言很贵重，要珍惜。但流逝了或错过浪费了，就永远不能倒转再重来。

贵在行动，后悔没用。太阳每天都是新的，人生不能辜负清晨。

生活的目标，就是要活得比昨天更美好都美好；

情感的指数，就是要爱得比昨天更幸福都幸福！

与时为友
发掘自我 收获快乐

人,做自己喜欢的事情,就高兴而且容易成功。

一个人一旦从事了自己热爱的工作,就能发掘自己的热情所在,也能保持激情澎湃的情怀!就会惜时如金,与时为友、与时俱进,也能珍惜机会和岗位,主动作为、奋发有为。获得的成果,要远比被逼着被动干活多得多得多,尤其是收获着心中的快乐。

比下知足比上知不足
人生不气馁常乐常满足

人生是大千世界的生活，总是可圈可点、有声有色。

人生是五味杂陈的生活，总是有甘有甜、有苦有涩。

人生是五彩斑斓的生活，总是多姿多彩、五颜六色。

人生是长途跋涉的生活，总是沟沟坎坎、曲曲折折。

人生是交响音乐的生活，总是抑扬顿挫、高低交错！

人生不要气馁，不必难过，不如意时要去比下知足，得意时要比上知不足，这就是常知足、会满足！

生儿生女都一样
可用银行打比方

生儿生女都一样,可用银行打比方。

生儿子是"运气",儿行千里父母忧,从小到大爹妈愁;

生女儿是"福气",姑娘是爹妈的小棉袄,女儿膝前乐悠悠!

生一个男孩,你家就是"建设银行",生两个男孩,你家就是"民生银行",生三个男孩,你家就是"汇丰银行"。

生一个女孩,你家就是"招商银行",生两个女孩,你家就是"浦发银行",生三个女孩,你家就是"兴业银行"。

人生遇六好 幸事！
要倍加珍惜

古人说，人有四大喜事儿：洞房花烛夜；金榜题名时；久旱逢甘霖；他乡遇故知。

有人将其戏说："洞房花烛夜，隔壁；金榜题名时，邻居；久旱逢甘霖，几滴；他乡遇故知，情敌"！

我个人总说，人生有六大幸事：

第一，人生赶上一个好时代；

第二，出生来到一个好人家；

第三，求学遇到一个好老师；

第四，事业摊上一个好领导；

第五，工作跻身一个好团队；

第六，生活牵手一个好伴侣。

得之坦然 失之淡然 顺其自然

万事如意是美好祝愿，十之八九不如意却十分常见。如意不如意既取决于自己怎么看，也与客观不由自己有关！

带不走的别牵手，

记不住的别在乎，

拿不起的别费力，

留不下的别牵挂，

弄不准的别劳神，

搞不定的别钟情。

人生好像自然景
春夏秋冬各不同

　　人生好像六月的天，属孙猴子的脸——说变就变，变幻莫测；

　　人生好像奔腾的河，似脱缰的野马——桀骜不驯，张扬自我；

　　人生好像耕耘的田，点燃希望之火——辛勤劳作，必有收获；

　　人生好像自然的景，周而复始交替——春华秋实，冬夏壮阔！

人生崇山峻岭
有希望憧憬才能欣赏壮美风景

　　人生犹如一轮红日，有升起的朝晖，有普照的光辉，有西下的余晖。

　　人生犹如一座高山，有山下的平坦，有山腰的沟坎，有山上的远瞻……

　　人生之所以有希望和憧憬，原因不是去了又来的时候，理由却是失不再来的守候！

一个人能走多远
要看他与谁同行

近朱者赤,近墨者黑!

一个人能飞多高,要看谁带他飞翔;

一个人能走多远,要看他与谁同行!

"画眉麻雀不同桑,金鸡乌鸦不同窝。"

选择和什么人在一起,实质上是在选择相同的三观(世界观、人生观、价值观)体系;

一个人对什么样的人认同,自己往往就会去塑造什么样的人生。

近水识鱼性 近山识鸟音
跟优秀的人在一起难平庸

一个人愿意和什么样的人在一起，本质上是在主观设计和志愿写实自己的人生轨迹。

跟勤快人在一起，你很难懒惰；

跟积极人在一起，你很难消极；

跟明白人在一起，你很难糊涂；

跟精明人在一起，你很难愚钝；

跟利索人在一起，你很难啰嗦；

跟睿智人在一起，你很难朦胧；

跟优秀人在一起，你很难平庸。

人要彰显海纳百川的大气
也要嫁接泥土芳香的地气

老话说"人活一张脸,树活一张皮"。

蒸馒头不为了吃,为了是争(蒸)这口气。

人生在世到底要争这口什么"气"呢?!

人要充盈大义凛然的正气;

人要保持蓬勃向上的朝气;

人要积蓄劈波斩浪的锐气;

人要嫁接泥土芳香的地气;

人要频冒春风化雨的热气;

人要展示出口成章的才气;

人要升腾众星捧月的人气;

人要外溢豁达大度的豪气;

人要鼓足一往无前的勇气;

人要彰显海纳百川的大气;

人要呈现不卑不亢的骨气!

取舍有道 义最重要

鱼我所欲也，熊掌亦我所欲也，

二者不可得兼，舍鱼而取熊掌者也。

生我所欲也，义亦我所欲也，

二者不可得兼，舍生而取义者也。

生命诚可贵，爱情价更高。

若为自由故，二者皆可抛！

两利相取，取其大；

两弊相取，取其小。

人不论为什么取舍，怎么取舍，都要以义为重，以义为先，以义为要！

跻身人场要行侠仗义；

安身职场要公平正义；

现身市场要轻财好义；

置身情场要重情重义；

投身战场要舍生取义；

立身官场要深明大义。

最成功是让别人信任
最真诚是信任别人

做人最大的成功是让别人信任，

做人最大的真诚是信任别人。

信任能让感情由浅变深；

信任能让性情由混变纯；

信任能让舆情由伪变真；

信任能让同情由远变近；

信任能让事情由旧变新；

信任能让心情由仇变亲！

人生之路 用心行走

人生下来并不会走路,所以人人要学步。

人生在世有人不会走正路,所以人人都要用"看齐意识"听口令正步。

人生晚年腿脚不灵又走不了路,所以人人都会念旧惜今惧怕明天,不约而同地上了同一条路——心路。这条路,不再用脚走路赶路,而是整齐划一地全都用心起步止步让步!

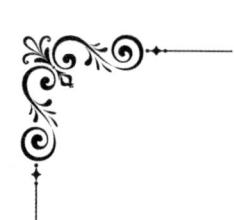

与智者为伍 与善者同行
良师益友受益长久

结交良师益友受益长久、一路好走；

交友不慎、反留伤恨，相当于"一失足成千古恨"！

多交有志气的人，自己也长志气；

多交有学问的人，自己也长学问；

多交有智慧的人，自己也长智慧；

多交有作为的人，自己也长作为；

多交有胆略的人，自己也长胆略；

多交有肚量的人，自己也长肚量；

多交有才干的人，自己也长才干；

多交有情趣的人，自己也长情趣；

多交有品位的人，自己也长品位！

结庐在人境而无车马喧
快乐来自内心的平和

着实让自己不舒畅的并不是人与事果真令人失望,而是你对于这些人与事的期望与实际情况存在的心理落差和导致的困扰迷茫。

即便别人再努力表现、表现再好,只要没有达到你的要求、满足你的需求,你自个儿仍然是不平和、不快乐的。

对一个人褒贬不一、爱憎各异,关键已不取决于那个当事人自己,而在于人们选择的价值评判点和比较参照系。

一个人如果把自己的心理平衡点归结于外界,又加上了主观臆断的其他附加条件,那么他永远也不会找着心态平和点和幸福支撑点。

"内圣外王""心静自然凉",平和不平和、快乐不快乐,完全在自我!

精神境界越高尚的人活得越简单

人与人来往到底要给对方留下什么感受、什么印象？应该是：

精神境界越高尚的人，活得越简单；

品德修养越纯洁的人，感觉越平和；

处世为人越成熟的人，让人越舒服；

内心世界越强悍的人，做人越内敛；

事业职场越成功的人，表现越谦逊；

干事追求越高标的人，显得越低调；

理想信念越坚毅的人，就越有定力；

心地人性越善良的人，越乐意助人！

经典十句话 启示人生

经典十句话：一句话，一服药！

1. 在沟通当中建立和巩固的友谊，比靠吃喝、靠利用、靠江湖义气、靠玩得开心或兴趣相投等结交的"情义"更可靠。

2. 能够"化敌为友"，可以让你的心胸和能力都上一个台阶。

3. "水至清则无鱼，人至察则无徒"，对周围的人不要那么敏感，不要总是绷紧一根"阶级斗争"的弦。对待别人比对待自己宽容一些，对人的信任比怀疑和提防多一些，这不仅是交往的要旨，也是人生的意境。

4. "临渊羡鱼，不如退而结网"。偶尔忌妒一下很正常，如果长期妒火中烧，很可能成为一个卑劣萎缩的小人！

5. 怨气冲天、牢骚满腹，传递的是一种消极情绪，经常用这样的情绪去影响别人的人，是不会有亲和力和凝聚力的。

6. 经常不吃早餐或者糊弄早餐，那么面如菜色、疲惫不堪、失眠健忘、注意力分散、郁闷焦虑，等等，就一定会找上你。无论粮食还是果蔬，早为金，午为银，晚为铜，夜为铅。

7.病态体格和亚健康正在吞噬你的活力。所以,你一定要锻炼身体。

8.不要太虚荣,不要过于追求面子,那样很累,而且最终不会有好的效果。要坦坦荡荡,光明正大,内心才会舒服。可以虚构小说,不可以虚构人格。

9.自卑,是心灵的病毒。不要躲避压力,不要逃避挫折,不可能永远都是坦途。只有战胜今天的压力,勇敢地面对挫折,才能为明天积累起宝贵的财富。记住:愈挫应愈勇,越战应越强!

10.如果什么事都拿不定主意,对任何事情的看法都人云亦云,你的人格独立性肯定差,将难以行走社会。可以听取别人意见,可以多了解有关信息,但一定要养成独立思考、自主决断的能力。

在淡泊名利中更加坦荡
在慎思守志中更加高尚

在知恩图报中更加善良；

在攻坚克难中更加坚强；

在动静组合中更加健康；

在宽宏大度中更加敞亮；

在淡泊名利中更加坦荡；

在慎思守志中更加高尚！

守住心灵的品级

心灵也分品级！

心灵的最高境界是慈悲之心；

心灵的第二境界是感恩之心；

心灵的第三境界是敬畏之心；

心灵的第四境界是宽容之心；

心灵的第五境界是平常之心。

新年好 吉祥如意！
祈福阖家安康 祝福国泰民安！

过年，不但幸福着"亲人团聚，共享天伦"的幸福，而且祈福着"阖家安康，生活美好"的祈福，也祝福着"国泰民安，大吉大利"的祝福！

进了腊月二十三，就算进了大年关，没有出正月，全都在过年！

1. 二十三进年关，灶上天（言好事，保平安）。
2. 二十四扫房子，糊壁纸。
3. 二十五磨豆腐，杀年猪。
4. 二十六燁大油，炸大肉。
5. 二十七宰公鸡，赶早集。
6. 二十八把面发，贴年画。
7. 二十九祭拜祖，蒸馒头。
8. 大年三十长相守，熬一宿。
9. 大年初一上街走，扭一扭。
10. 大年初二串门走，去叩头（喝小酒）。
11. 大年初三看丈人，闺回门。
12. 大年初四灶下凡，惠民间。
13. 大年初五牛耕耘，接财神。

14. 大年初六祈成功,驱贫穷。

15. 大年初七吃面条,蒸宝羹(吃七宝羹)。

16. 大年初八打灯笼,爱生灵(去放生)。

17. 大年初九玉皇筵,尽欢颜。

18. 正月十一奉仙姑,母不哭(供紫姑,母祝福)

19. 正月十二建灯棚,开复工。

20. 正月十三点灶灯,布街景。

21. 正月十四遂人愿,母子安。

22. 正月十五夜照蚕,定丰歉。

23. 正月十六,十五的月亮十六圆!

充盈岁月不居
整理行装再出发

充盈岁月不居，美好时光飞逝；

难忘幸福昨天，前瞻风光无限。

感谢感激感恩帮助爱护我的人，批评指导我的人，惦念挂记我的人，陪伴守望我的人……

这一年，匆匆忙忙；

这一年，劳劳碌碌；

这一年，欢欢喜喜；

这一年，甜甜蜜蜜；

这一年，说说笑笑；

这一年，打打闹闹；

这一年，曲曲折折；

这一年，勤勤恳恳；

这一年，辛辛苦苦；

这一年，真真切切；

这一年，踏踏实实；

这一年，沉沉甸甸……

整理行装再出发，

持之以恒再奔跑，

脚踏实地再努力，

坚定不移再圆梦！

人增岁月天增寿
在回首中勇敢追逐

新的一年开始,每个人都公平地长了一岁!人增岁月天增寿,天人合一当回首!

回首往事我们可能联想到了人生的各个阶段,从呱呱坠地、嗷嗷待哺到风烛残年、奄奄一息,最能牵动思绪的应该是对青春岁月的回忆……

青春不是"愣头青",不是遇事任性冲动不冷静,而是带着追梦的激情,勇敢冲锋!

抑或被老骥伏枥的暮年把追忆吸引住,一个人成熟绝不意味着圆滑世故装糊涂。而是阅遍世事、阅人无数后对待扬弃取舍更对路更自如。

更能让自己在回眸审视过去时留恋不舍的记忆是:我们无论什么年龄岁数,都能够保持那份纯真无邪和胸有成竹,而且不忘初心地为实现梦想去不懈付出、勇敢追逐,对天时地利人和从不怠惰、绝不辜负!

人生由来不满百
知足常乐想明白

人要"知足",要想开一点儿!

有衣千件,也是一套一件穿;

有约十顿,也是一日仅三餐;

有房百间,也是睡卧三尺三;

有车九台,也是一去和一来;

有钱万贯,也是过黑白一天;

有官至尊,也是一天上下班;

荣光显贵,也是过眼的云烟!

生活不是给别人参观点评的
生活是一生的自我经营

生活不是过给别人参观点评的，而是过给自己体验印证的。所以，没有必要在乎别人的褒贬，而要特别在意自己的真情实感。

生活是一生的自我经营，必须考虑成本核算、投入产出，力求增资本、降成本。对此，男人或女人都要认认真真、兢兢业业。

生活要欢声笑语去奋斗
莫看落花流水添闲愁

每一个人的生活，都是：

既有欢声笑语，又有辛酸泪水的；

既有幸福快乐，又有痛苦烦恼的。

这就是人世间的真相。

每一个人活着，都是：

为了去创造去奋斗的。绝不是为了消沉于只看"落花流水"——无可奈何平添闲愁，就要自甘堕落——"自暴自弃"不知烦忧才活着的……

曙光就在前头
追梦者不回头

时间老人不肯回头，
只因运行轨道是单向；
奔腾江海不肯回头，
只因高低落差定流向；
识途好马不肯回头，
只因前边芳草更茁壮；
追梦强者不肯回头，
只因希望终究在前方。

善于将心比心
情感就会越来越深

与人交好,要换位思考!想要人家对自己好,就要先对人家好!

你体谅了人家的难处,人家也会考虑你的不易;你在人家有求于己的时候出手相助,人家也会在你需要帮助的时候伸出援手。

与人交好,要与人为善并善解人意!能感到人家为难了,是体贴;能体会人家不方便,是善良;能宽恕人家出差错,是包容!

善于换位思考、打个颠倒,误会就会大大减少;善于将心比心、以心交心,情感就会越来越深。

只有自己才能成就自己

永远不要期待生命中会出现"救世主"拯救自己，只有自己才能造就自己、成就自己。

永远不要等待将来再找机会"为父母尽孝心"，自己抢前抓早尽孝都未必能做好，行动迟缓一点点就是终身遗憾。

永远不要慢怠真心实意对自己好的人，自己是怎样对待"恩人"的，决定了别人就会怎么看待你的为人。

健康和人品是生存之本

做人品德是统帅、是灵魂,女人漂亮、白净、苗条、聪明、温柔、体贴……;男人英俊、匀称、健壮、勇敢、豪爽、坚强……,都是"美"的外貌和内容。高颜值和有才智的确招人喜欢,但是,如果人性品行不行,一切都得归零。

身体是革命的本钱,是载知识之车,寓道德之舍。如果把人拥有的一切量化并标记为一个无限晋位的数字,那么,身体健康就是"1",理想信仰、事业成就、学识才能、声名口碑、荣誉威望等,都是"1"后面的"0"。一旦身体垮了——把"1"整倒了,甚至弄没了,一切都得归零。

肯对青春忘我投入 用心血浇筑
青春才会永远眷顾和陪护

人生长卷里有一首诗，当我们确实拥有它并奔向未来时，往往并没有真的读懂；而当我们果真能够读懂它时，它早已远去，永不再来。

这首诗就是青春。青春对于我们每个人来说，都曾同样拥有，而当我们每一个人回首青春岁月的时候，所拥有的获得感、回忆录却大不一样了。

回首中让每个人都有感受体悟，"春水东流去""逝者如斯夫"！并不是每一个人都能把青春长久留住，青春似乎也是"嫌贫爱富"，那些肯对青春忘我投入、用心血浇筑的人，永远都会得到青春的眷顾和陪护！

人生就像坐车观光
车子总要驶向前方

人生就像坐车旅游观光,过往的景色那样漂亮,令人流连忘返、依依不舍。但是,车子总要驶向前方,会离开过往的地方,把那里变成"印象",顶多会偶尔"回放"。人不能老是纠结于过往,犹豫不定抓住过去不放。

用一碗泉水的清洁,面对一生的突如其来,是对自己一辈子的真正慷慨。"人生最大的遗憾,莫过于错误地坚持,又加上轻易地放弃。"世事难料,遇事不必太固执,更不要太幼稚。无论面对怎么的变幻莫测,都要做出科学理性加上真挚感情的抉择!

远离负能量
像阳光传播温暖一样给他人传递正能量

负能量的人什么事情都能让自己产生负面心情而不高兴。所以每个人都不要做负能量的人，也要远拒这样的人。在他（她）们看来——

别人钟情一见，就是色胆包天；

别人你情我愿，就是简单交换；

别人白头偕老，就是凑合终了；

别人和好如初，就是又演一出。

掌握人性四大定律
人才会越活越明智

正月初七,是传说中的"人日子",即我们人类的生日。

掌握了人性四大定律,人才会越活越明智。

第一,公平与实力是匹配的。世界上没有绝对的公平,只有相对而言的轻重。

第二,包装与内涵是匹配的。优秀肯定是塑造出来的,必定又是由内而外的。

第三,道理与环境是匹配的。道理分跟什么人说,由什么人听,同样的道理对不同的人说明,结果就会大相径庭。

第四,忍让与利害是匹配的。没有谁肯一直让人只占便宜欺负,却从不反抗;别人把好处让度给你,背后说不定就有什么阴谋在等着你。

豁达的人不斗
睿智的人不争

正月初七是个"人日子",人人要学做高人!

1.做个睿智的人看得透,故不争;

2.做个豁达的人想得开,故不斗;

3.做个得道的人晓天意,故不急;

4.做个厚德的人重谦和,故不躁;

5.做个明理的人放得下,故不痴;

6.做个自信的人肯努力,故不误;

7.做个重义的人交天下,故不孤;

8.做个浓情的人淡名利,故不独;

9.做个宁静的人行深远,故不折;

10.做个知足的人常快乐,故不老。

厚德载物 品行是私德的内存与外溢

品行端正干啥啥行,品行不行多大才能不能用,多少财富没有用。

罗曼·罗兰说过,没有伟大的品格,就没有伟大的人,甚至也没有伟大的艺术家,伟大的行动者。

林肯曾经把品行和名声拿树木和树荫作比喻:品格如同树木,名声如同树荫。我们常常考虑的是树荫,却不知树木才是根本。

品行是私德的内存与外溢。养道德,重私德,守公德,方能厚德载物,健行康庄大路!

总结经验 反思经历

苏格拉底说,未经审视的生活,不值得度过!

人们常有这样的发现与感慨,人群中悟性高的人,进步就比别人快!

悟性是何物?三句话即可以说得清清楚楚。悟性高不用教就会,悟性一般教一次就会,悟性低怎么教都不会,说的正是悟性的差别。

悟性高的几种表现:

第一,善于举一反三,触类旁通,知其一而知其十。

第二,长于去伪存真,辨别虚实里表,把握本末大小,删繁就简。

第三,总是心有灵犀,点到就能共鸣,一个眼神就能神会心领。

第四,擅长前瞻预判,未卜先知,善观大势,预言未来,善谋妙计,主动超前。

提高悟性公式:"悟性=成长+总结经验+反思经历"!

做事有度 过度随意而为会变成肆意妄为

人不可以随意任性！随意任性了就明目张胆使性子，甚至肆意妄为去横行了……

有才不能任性，任性了就可能恃才傲物、夜郎自大！恃傲必生懊恼！

有钱不能任性，任性了就可能挥霍无度、挥金如土！挥霍必惹灾祸！

有权不能任性，任性了就可能武断专横、飞扬跋扈！霸道必定栽倒！

有力不能任性，任性了就可能不自量力、蚂蚁撼树，较劲必然伤力！

有理不能任性，任性了就可能得理不让、得寸进尺，嘴倔必要遭殃！

第三卷

自律决定人生

ZILÜ JUEDING RENSHENG

人生思绪

RENSHENG SIXU

有了奴性就丧失了尊严和个性

人不可以有奴性!

一旦有了奴性,他(她)就丧失了尊严和个性,没有了独立思想,脑袋长在了别人身上,墙头芦苇,两头摇摆;脚下无根,眼里没神;毫无主见,人云亦云。

一旦有了奴性,他(她)就没有了平等精神,仰人鼻息,奴颜婢膝;低三下四,逆来顺受;摇尾乞怜,毫无尊严。

一旦有了奴性,他(她)就没有了维权意识,见官臣服,唯上唯书;听天由命,任人摆布;信奉"万般皆下品,唯有当官高","官本位"意识根深蒂固。

男人要有血性
做人果敢坦诚

男人要有血性!

血性男人都有正义之气,侠肝义胆,嫉恶如仇,行侠仗义;

血性男人都有阳刚之气,敢做敢当,胸襟坦荡,阳光大气;

血性男人都有锐利之气,攻坚克难,勇往直前,无所畏惧!

**人要长记性!
善学习 长本领**

人要长记性!

做人要向人学,吃一堑,长一智!

做人要向马学,老马识途,不走瞎路!

做人要向狗学,谁与我有恩,我对谁忠诚!

做人要向鸡学,天明打鸣,天黑无声!

做人要向牛学,踏踏实实,勤勤恳恳!

牵手真爱的他（她）
铸就一个温馨家

夫妻两人原本是最好的一对情人。常言道"两口子过日子，不求吃香的喝辣的，不图买好的穿贵的，但求太太平平、和和睦睦、不吵不闹，就图个恩恩爱爱、热热乎乎、有说有笑……人不怕多受累，就怕心流泪；人不怕多疲惫，就怕心憔悴"。

人生短短几个秋，弹指一刹那，谁都想有个温馨家，牵手真爱你的他（她），就算妥妥地啦，务必好好珍惜呀！男人女人都期盼有福，福有双至且互动支持。男人有福，幸福一人一家人； 女人有福，福及一家几辈人。

一生自律自励自强自检
才能沙粒成珠彩蝶破茧

岁月蹉跎,我们对生命的体会更加深刻。

岁月峥嵘,我们对人生的积淀更加厚重。

岁月迁移,我们对生活的记忆更加清晰……

光阴似箭,虽然能够侵蚀我们人生峥嵘岁月的底片,却可以绘就我们人生多姿多彩的画卷。

光阴荏苒,虽然能够泯灭我们风华少年的容颜,却可以带给我们人生成熟睿智的老练。

光阴流逝,甚至能够带走我们风烛残年的残喘,却可以储蓄我们人生英姿飒爽的征战。

只要我们不断自省,不断自检,不断自警,不断自律,不断自励,不断自强,不断自信,不断自尊,不断自爱,我们的人生就能沙粒成珠、彩蝶破茧,浴火重生、凤凰涅槃。

白驹过隙
抢抓机遇只争朝夕

多少事风雷疾,多少事等不及。一万年太久,只争朝夕。一迟疑错过,追悔莫及。

有的人抱怨自己缺机遇,是因为他(她)总在耗时间等待机遇,却没有主动抢抓机遇。

有的人因为"等一等,下一次再说",却再也没有等来说出来、讲下去的机会。

人世间"来日并不方长",只有"从现在做起"才不辜负时光。

惰性会让人故步自封

人不可以有惰性！

惰性是一种懒惰的习性，慢慢腾腾，拖拖拉拉，推一推，动一动，消极怠功。

惰性是一种落后的习性，故步自封，求稳怕乱，老守田园，裹足不前，拒绝变革。

惰性是一种颓废的习性，放任自流，随弯就弯，精神萎靡，无精打采，得过且过！

不懈努力是为了造就更好的自己

人的不懈努力,都是为了造就更好的自己,并呈现出理想的自己。

人往高处走的攀登都会伴有煎熬难耐的光景,没人留心你在阳光下或者黑暗中的悲痛,别人只在意你在人前人后非同凡响的成功。

人生再痛苦也要忍住,再悲伤也要坚强,再沮丧也要向上,再倒霉也要自慰,再沉重也要支撑,再失望也要阳光!

只有耐得住辛苦,才能享得了幸福;

只有耐得住孤独,才能赢得来多助;

只有耐得住寂寞,才能等得到欢乐;

只有耐得住贫穷,才能守得住繁荣。

不忘生命初心
不负大好光阴

修炼革命红心,不负大好光阴。

秉持使命忠心,不停砥砺奋进。

不忘生命初心,不疑奉公为民。

坚定拼命决心,不减冲天干劲。

始终听命良心,不断行善助人。

让心灵沐浴和映射阳光
自然会传递温暖热量

我奉行"因为有我快乐,大家更欢乐";"因为有我助兴,大家更尽兴"!

人生之旅,喜忧交织,时而欢歌笑语,时而闷闷不乐。忧也是一天一天过,喜也是一天一天过,为什么不欢笑着过,不去选择和传播快乐?!

人生路上,明暗交替,时而阳光灿烂,时而阴沉昏暗,为什么不让心灵沐浴和映射着阳光,接受和传感着温暖热量?!

人生历程,聚散交错,"人有悲欢离合,月有阴晴圆缺"。欢聚固然欣喜,别离都不乐意……为什么不让自我驻足聚合,反去让自己的内心纠结着离别?!

摆正姿态平和心态
把握自己的势态

心态决定姿态，

姿态决定状态，

状态决定形态，

形态决定势态！

我们大家都要：

平和自己的心态，

摆正自己的姿态，

较正自己的形态，

调整自己的状态，

把握自己的势态！

命运不是机遇而是选择

选择时无虑,付出时无遗;

坚持时无疑,终结时无憾,

进行时无怨,回顾时无悔!

一个人要合理规避三大憾事:

不会去选择,注定了要过着有缺憾的生活;

不断去选择,注定了过着遗憾不断的生活;

不坚持选择,注定了过着抱憾终生的生活。

生命之希望是一缕阳光
每一次照耀都要打开心窗

每一个清晨都是一个最新自信。

每一个开端都是一个崭新起点。

每一次醒来都是一个全新未来。

每一束阳光都是一个更新希望。

每一张笑脸都是一份清新温暖。

生命之铿锵,不是每一首歌曲都多么的嘹亮,而是每一句歌唱都要凿实叫响。

生命之希望,不是每一缕阳光都那么的透亮,而是每一次照耀都要打开心窗。

前程不是天注定
努力就会有变更

人的境遇不是白驹过隙,稍纵即逝;

人的生活不是燃放烟火,闪后凋落;

人的命运不是信马由缰,无法收放;

人的前程不是先天注定,不可变更。

人的善要表里如一
人的真要知行合一

好看的皮囊千篇一律,

有趣的灵魂万里挑一。

修行的路数千头万绪,

修身的真理万人几及?

人的美要内外统一,

心灵美、外貌美相得益彰。

人的善要表里如一,

做善人、行善事相辅相成。

人的真要知行合一,

求真理、践真行相互联系。

心胸和心情会刻画你的面容

面由心生!

一个人有什么样的心胸和心情,就会有什么样的表现和表情!

一般人一张脸上的表现表情形象很复杂,变化也很多,但分门别类不外乎两个内心世界,并对应着两个外在境界,一个是郁闷至极、痛苦万状,另一个是欢欣鼓舞、欣喜若狂!

一个人终究会选择做明白人:

与其郁闷不乐,不如一吐为快;

与其痛苦不已,不如一笑而过;

与其被骗不止,不如一下戳穿;

与其纠结不堪,不如一忘了之;

与其折磨不断,不如一把了断;

与其辗转不眠,不如一觉安然!

做人识相不出洋相
做事会干事干成事

做人不能"人模狗样",也不能"鼻眼儿插葱,装相(象)",而是要坐有坐相,站有站相,走有走相,扮有扮相,人要识相,随时随地登台亮相,任何时候不出洋相!

做事就要想干事,会干事,干成事,没事不惹事,有事别怕事,摊事能平事;想美事,干实事,办好事,把美事办成,把实事办好,把好事办实!

昂起头伸直腰
敢碰硬不硬碰

一个朋友说出三句富有哲理的话：

敢碰硬，不硬碰！

要较真，别较劲！

走正道，会拐弯！

我受到启示后再加上五句：

昂起头，别耷拉！

伸直腰，别哈着！

拣直走，别兜圈！

照直说，别绕弯！

朝直瞅，别斜眼！

捧颗诚心对人要信任
顺其自然重义重情分

有前因才有后果，有结果必有原因。"皮裤套棉裤必是有原故，不是棉裤薄，就是皮裤没有毛"！

人善人欺天不欺，人恶人怕天不怕。

人活一世，万事随缘；顺其自然，不可透支。信用是立足根基；亲情是立地支撑；友情是做事依靠；健康是奋斗资本。

永远不要抱怨对手太强大，技高一筹或技不如人都要谦虚好学。"世上没有永远的冠军，也没有永远的输家"，"爱拼才会赢"。

看错人的时候，不只因为眼拙，而是因为善念。捧出一颗诚心去相信一个人，绝不是因为愚蠢，而是太重情分。

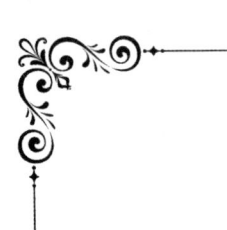

人生没有绝境
转个念想就会心升希望

一个人没有好心情,肯定是有什么事没想通!

一个人感觉很心烦,肯定是有什么人看不惯!

心结打不开,就先放下来;

心情不痛快,就去看窗外;

心胸忒不爽,就要赏风光;

心里不放松,就来望天空。

人生没有绝境,只有思路不清;

人生没有绝望,只有不抱希望;

人生没有末路,只有停止迈步;

人生没有尽头,只有还没看透。

"新念何必理旧梦,一朝一夕皆来生"。

转个念想,就会心升希望。

人要知书达礼
凡事以理服人

有礼走遍天下,

无理寸步难行。

人要知书达礼,

凡事以理服人。

熟知定理,

遵循原理,

坚持公理,

恪守法理,

讲求事理,

合乎情理,

不信歪理,

明白道理,

敬畏天理,

捍卫真理!

生活不简单
人人都要尽量简单过

人类生活的确不简单,人人都要尽量简单过。

人际关系的确很复杂,自己不复杂它就简单。

时间是一剂药,你惜时如金并用足用好了它,才是良药;你消磨时光又挥霍了它,就是毒药。

金钱是一剂药,你收支入付得当,才给你健康和兴旺;你挣花来去不当,就让你悲伤乃至衰亡。

权力是一剂药,"吃独食(揽权集权)",就离心离德、怨声载道;"分着吃(分权授权)",才心齐气顺、人和劲足。发扬民主,事兴运昌!

任是非之人千般变化
自己必有一定之规

只要有人的地方就有事情,有事情的地方必然就有是非。

"是非之地"必有是非之人。是非之人也是各种嘴脸,千奇百怪!如何对待?任他(她)千般变化,自己必有一定之规。

对口蜜腹剑的人打打哈哈应付应付就可以啦。

对吹牛拍马的人也不必处处看不惯厌恶敌意。

对尖酸刻薄的人必须保持距离防止口水溅己。

对挑拨离间的人最好察其言观其色谨言慎行。

对翻脸无情的人应该多留一手做到有备无患。

对愤世嫉俗的人要"睁只眼,闭只眼""左耳听,右耳冒"。

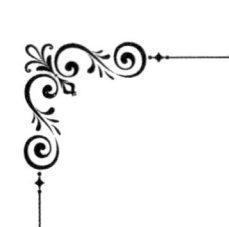

亲朋好友不在于相识早晚
而在于珍惜着缘分处着情分

亲朋好友不见得都长长久久,不只因为"并非同年同月同日生","又不同年同月同日走"。

亲朋好友不在于谁与谁相识早晚,而在于珍惜着缘分处着情分,谁深谁真谁亲谁透。

亲朋好友谁和谁相处相守能走多远多久,更在于经历了是是非非、大是大非的考验筛选之后,看谁能把谁留住并一直同心牵手!

一个人最擅长扮演的角色是"我"

一个人虚度光阴浪费生命也是多元化、多样性的！

一个人把时间都拿去模仿别人，却弄没了时间来建设和活出自我，甚至于弄巧成拙，"东施效颦"而贻笑世界。

一个人在大千世界的开放舞台上最擅长扮演的角色是"我"，就是还原本我、塑造自我、演绎超我；最不擅长的就是"演员身份感"太强烈，拿适合自己的优势资源和优越条件，去临摹别人的幸福体验，演技做作并且拙劣，结果弄得"牛头配马嘴"，丢人现眼反被其累。

人生画卷要用自己的心血调色泼墨

一个人的生平事迹、人生纪实，不论是妙趣横生、传奇生动，还是索然寡味、淡淡平平，既不能向人抄袭，也不能照人复制，谁的生平就是谁的历程，谁的纪实就是谁的轶闻趣事和经历故事。

人生画卷人各一幅，不同的人物，就有不同的背景元素，只有用自己的心血调色泼墨，才是真正属于你的个性图书！

人天生有"人性弱点"
仅一个"好"字可见一斑

人天生有"人性弱点",仅一个"好"字可见一斑:

好逸恶劳,偏爱轻闲不愿意干活。

好吃懒做,贪图享受却不劳而获。

好高骛远,眼高手低不切合实际。

好多嫌少,欲壑难填不满足预期。

好奇尚异,别出心裁不尊重历史。

好大喜功,追求虚名不正视自己。

好为人师,自以为是不知道高低。

好丑自彰,丑陋不堪不需要掩饰!

很多事没有绝对的谁对谁错

人世间很多事没有绝对的谁对谁错、谁高谁低,有的事即便争得不可开交面红耳赤,也只不过是角度不同,观点相异。

人世间许多事争执不休、吵闹不止,并非因为人家漏洞百出谬以千里,自己却接近或揭示了真理。

人世间许多事搞得剑拔弩张,直至大打口水之战,甚至势不两立,回头想想却毫无意义,比如为"煤球"争论不休的密友兄弟,导致斗狠怄气的分歧往往都不是为了求证曲直,只是你说"煤球是黑的",他说"煤球是圆的",一个说颜色,一个说形状,争执的东西根本就不是一码事!

学业精深 源自勤奋

人要重视学业：

学业精深，源自勤奋。"业精于勤，荒于嬉"。

厚植安身立命之根基，必须以终身学习为基石和阶梯。

学如逆水行舟，不进则退。剑不磨砺要生锈，人不学习就落后。

学业无止境，学不可以已。善于学习必须勤于思考，学而不思则罔；深入思考必须认真学习，思而不学则殆。

学习就要"见贤思齐焉"，"择其善者而从之"；"见不贤自内省"，"其不善者而改之"！

厚积才能薄发
积小胜成大胜

厚积才能薄发，积小胜也能成大胜！

人生正像一个蓄电池，你每一回有效的充电，而后都会为你释放一定的动能。

人生正像一只储钱罐，你每一分用心的投入，而后都会为你积攒一些个惊喜。

人生正像一块海绵体，你每一次认真的浸润，而后都会让你挤出一种精品！

做人没有必要去关注和羡慕别人拥有什么东西，自己尽管动起脑子，弯下身子，甩开膀子，每天都加油努力，用不着挥汗如雨，时间老人也会帮你圆梦顺意。

驰而不息
坚持就是胜利

人要重视事业:

"勉之期不止,多获由力耘"。

开创伟业靠卓越心智,成就伟业靠不辞辛劳!

选对了行当,就是搞准了正确方向。

"万事开头难",成功的开端,等于成就了事业一半。

事业需要秉持的精神是始终不渝,久久为功,坚持就是胜利!

"世上无难事,只要肯登攀",唯有克服艰难险阻,才能开辟事业的成功道路!

"众志成城","众人拾柴火焰高",只有和别人一起合作,方可获得远远大于自我奋斗的建功立业成果!

低调做人 高调做事

　　一个人低调做人，人际关系就会增添和睦，减少冲突。

　　一个人高调做事，工作表现就会更加出色，多收硕果。

　　一个人对踮脚可及的事一定要尽全力，对倾力不及的事一定别费力。

　　一个人获取胜利时不要忘记不平凡的经历，遭遇败绩时不要放弃更加顽强的进取。

干一行就要爱一行 钻一行

人要重视职业：

职业要当学问做，一知半解时不放过，浅尝辄止时不就和，"知其然不知其所以然"时不"心安理得"，一定要达到学懂弄通的境界，从了解到熟悉再到精通，对比"高素质专业化"才合格。

干一行就要爱一行、钻一行，要从行家里手到成为业界专家再到精英领袖，不入一流、不立潮头不罢休，还要用爱的艺术让自己面对任何机遇和考验、风险和挑战都能胸有成竹，而且能为他人示范引路。

立志、工作和成功是职业生涯做事的三大要素，立志是致力职业追求的大门，工作是实现职业理想的旅程，成功是奖励不懈努力的结果！

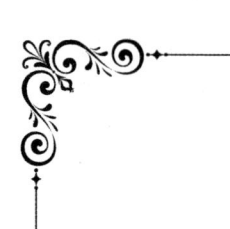

家和万事兴 家睦才幸福

人要重视家业：

家和万事兴，家睦才幸福！

家人幸福是家业最大的财富！

家风家训是家业最大的遗产！

家底家产干净是家人最大的荣幸！

治家有方，家业兴旺！

富家有道，家人安好！

持家必须勤俭，成由勤俭；过家切忌奢靡，败由奢侈。

乘风破浪会有时
创业路上斩荆棘

人要重视创业：

"有条件要上，没有条件创造条件也要上"，创业之路多半都是披荆斩棘、乘风破浪开辟前进道路的。

创业之路有坡路、有弯路、有岔路但没铺路、没断路、没退路。最大的机遇或者挑战是定位选择，最大的晦气甚至失意是气馁放弃！

创业者切记"五忌"：

一忌坐井观天，目光短浅；

二忌拔苗助长，急于求成；

三忌守株待兔，不思进取；

四忌朝令夕改，犹豫不决；

五忌遇挫就退，功亏一篑。

基业要长青 基业要昌盛

人要重视基业：

基业要长青，基业要昌盛。

基础要稳固，基地要稳定。

基业兴旺必须靠用人之心，只有核心价值一致，才能同心同德、同舟共济，才有望众志成城。

基业兴旺必须靠用人之智，只有集思广益、广纳良计，群策群力，才能高瞻远瞩，才有望英明决策。

基业兴旺必须靠用人之力，只有"众星捧月"，才能凸显皓月明洁；只有众人拾柴，才有望点燃熊熊烈火！

**顺其自然是淡定
舍我其谁是豪情**

天遂人愿是庆幸；
事在人为是觉醒；
水到渠成是愿景；
顺其自然是淡定；
舍我其谁是豪情；
时不我待是心境；
只争朝夕是行动；
我不负人是品性；
宁静致远是修行！

自律决定人生 ZILÜ JUEDING RENSHENG

承受得了多大的压力
就能反弹出多大的动力

自古圣贤出幽寒!

成就大业的人,就得:

必须能"挺",挺常人所不能挺。

必须能"忍",忍常人所不能忍。

必须能"屈",屈常人所不能屈。

必须能"伸",伸常人所不能伸!

承受得了多大的压力,才能反弹出多大的动力;

忍受得了多大的委屈,才能配得上多大的业绩。

你在今天咽下去的这口痛心不已的苦水,明天就可能为你灌溉出一片称心如意的森林。

爱出者爱返 福往者福来

"爱出者爱返,福往者福来"。

人活着,既要爱惜和照顾好自己,关爱和保护好身边人,也要去博爱和帮助其他人。

能出手相救时,就别袖手旁观。

能不去计较时,就别纠缠不放。

能留有余地时,就别将人逼入绝境。

善行善举善心善言,体验着的不仅是善良感仁慈感宽厚感,还有历久弥新的理得心安!

世界上有缺憾才是常态
不完美才叫人生百态

有的人做事情，一生都在追求完美。然而，这个世界上别说是尽善尽美，甚至连绝对圆满的东西都没有。

太阳到了中天，也会西偏，何况在不同的经纬度看，太阳也不占据正中间；月亮到了丰圆，马上就会缺边少沿，即使是众口一词的"十五花好月圆"也不如往后推移一天的"十六圆"。

世界上有缺憾才是常态，不完美才叫人生百态。

最好的人生大结局就是大致圆满中偶有缺憾。

求同不能抵制存异；主导不要排斥多元；统一不必强求一律！

快乐生活努力工作
让每寸光阴都在生命中闪烁

别让时光辜负了生命,走过的时光是充满生机活力的生活和勇于担当责任使命的工作,时光才会光明闪烁而没有白过。

别让忧郁愤懑浸染了生活和工作,对生命最好的回馈呼应是让自己轻轻松松、高高兴兴,生活才会快乐。

别让人生输给了心态和状态,对人生最尽心竭力的关爱是保持一个平和的心态和正常的状态,心态悠哉,状态正在,幸福和收获才会常来常在。

自知者明 自明者静

太阳西下落山了,明天还会从东方升起来!难过的日子总过不去,快乐的日子就难以到来。

坏天气总会有尽头,有来就有走;好气候必然周而复始,过去了还会再回来!

自知者明,自明者静。人要以超乎寻常的平静,经营波澜不惊的如戏人生。

换个角度看同一个人,就是在扮演不一样的角色,人人都可以是主角或者是配角,个个皆可为导演或者编剧,时时刻刻都能够做自己的监制或者剧务。

人生如戏,但不苛求尽善尽美,只求今生真的无怨无悔。

笑声是人生最美好最动听的音乐

一个人掌握了"好心态"的核心要义,"长命百岁、快乐一生",就会顺心如意!

第一,好心态常伴笑声,笑声是人生最美好、最动听的音乐,每人每天的必备营养基、滋补品。

第二,好心态常伴沟通,沟通是解疑解惑、理解认同的特效药、"同心桥";

第三,好心态常伴亲朋,亲朋是来往走动、联络感情的不老丹、"保温桶";

第四,好心态常伴包容,包容是豁达释怀、谅解海涵的调节器、催化剂;

第五,好心态常伴挚诚,挚诚是亲和友善、与人为善的"花青素"、保鲜袋!

人生思绪

RENSHENG SIXU

第四卷

机遇创造人生

JIYU CHUANGZAO RENSHENG

人生思绪 RenSHenG SiXu

一个人精神层次越往高走
越懂得应该如何正确取舍

一个人过度看重自己,就很容易患得患失,甚至常为所谓的"他人不理解"而憋屈自己。

一个人过度看重享受,就很容易难过难受,甚至常因所谓的"我不如人家"而作践自我。

一个人精神层次越往高走,越懂得自己真正需要什么,越懂得应该如何正确取舍。生意场和生活中都念的是一本"真经"——舍得,舍得舍得,舍了能得,多舍多得,少舍少得,不舍不得!

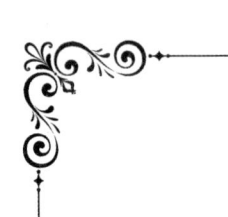

不去自寻烦恼 尽管一心向好

人世间,人人心里都有一杆秤、一把尺,起码都会运用"人人为我,我为人人"的公式,将心比心、度己量人。

人世间,天天都在上演一部戏、悲喜剧,多行不义必自毙,多行善举好事多!

人生本不复杂,复杂皆由人生!吃得香,睡得沉;笑得出,走得动。不去自寻烦恼,尽管一心向好。

若心里只装着自己
就会变得自私自利

有的人活得太自我，他（她）处处以我为中心，一事当前"我"字为先，不论是大是大非，还是蝇头小利都"寸土必争""寸步不让"，什么事都斤斤计较。

一个人心里只装着自己，就会变得自私自利，对于他（她）而言——

根本谈不上大公无私、公而忘私；

他（她）轻者毫不利人、专门利己；

他（她）重者假公济私、损人利己；

更有甚者还贪赃枉法、牟利害己。

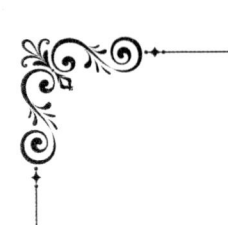

逐梦路上辛勤付出
笑看得失不谈甘苦

  每人每天都要路演行走人间的剧目，依托昨天基础，立足现实起步，追逐梦想上路，中间过程都是辛勤付出。

  人生路上，心情好坏全都取决于自己面对事态如何对待！

  笑看得失，在什么不公面前都能坦然释怀；

  举重若轻，在什么障碍面前都是天蓝云白；

  心胸透明，在什么处境面前都是春暖花开。

人生道路稳健举步
日落之后必有日出

一条路，曲曲弯弯有宽有窄有短有长，一头连着日落，一头连着日出，白天行走，夜晚停留，这就是我们的人生道路。

每个人一生都在思考，究竟该如何行走这条道路，应该迈出什么样的脚步，到底要留下怎么样的记录。

有的人自始至终稳健举步，一直平稳安全地走过终点尽头；

有的人顺逆交替、蹒跚挪步，或者曲折全程，或者退场中途；

有的人披荆斩棘砥砺进步，一生大道直行、坚定从容，身后追随者众、秉持继承！

成功之路何惧万夫当关
就怕改弦更张怯场畏难

在不断成长成熟，日益成才成功的道路上——

何惧万夫当关，就怕自己改弦更张；

何惧惊涛骇浪，就怕自己畏难怯场。

真想干的事情，再大的险阻也能想出千方百计去克服；

不想干的事情，再小的困扰也能找出千言万语当借口。

做事情 难在立志 贵在坚持

做事情,难在立志,贵在坚持。要坚定信念,砥砺向前,攻坚克难,一往无前!

宁可总是流血流汗,也不要疑神疑鬼、裹足不前,更不要轻易流泪"流产";

宁可偶尔痛哭流涕,也不要灰心丧气、没了底气,更不要随意终结放弃。

有两句话是很灵验的:

不经历风雨,怎能见到彩虹?!

不走过低谷,怎能攀登高峰?!

想要自己坚不可摧
就要付出超常心血汗水

一个人要想做番伟大事情,就要具有超常的博大心胸!

一个人想要自己坚不可摧,就要付出超常的心血汗水!

一个人只有越撞越强,才能越来越坚强;只有越挫越勇,才能越来越成功。

心中有爱 生活才会更精彩

心中有家,生命才会有幸福路;

心中有爱,生活才会是更精彩!

心中有道,生存才会有主心骨;

心中有数,生机才会真不离谱!

放下纠缠
心绪就会清净淡然

看开心境就会敞开,

看淡心情就会平淡,

看透心胸就会通透,

看远心地就会高远。

放下累赘心里就会阳光明媚;

放下纠缠心绪就会清净淡然。

纵然不能控制环境却能够控制心情

  人活到一定年龄就会觉醒，也会理性权衡，高薪不如高寿，高寿不如高兴！

  高兴不高兴，关键看事情；

  凡事两面性，正能和负能。

  一个人总看负能量的消极面，就会尤人怨天，想起啥都不顺心，看见谁都不顺眼。殊不知，"你的心态由你主宰，你才是心情的主人。"

  我们不能控制环境，却能够控制心情；

  我们不能改变别人，都能够改变自身！

别把光艳遮掩
别把焦虑蔓延

人生天地之间谁也不易、谁都挺难,要历尽离合悲欢,要尝尽苦辣酸甜,要享有风度翩翩,要煎熬苟延残喘……

人只要活在有生之年,经受的所有生活考验,都是命运的千锤百炼、万般成全!

别把光艳和靓丽尘封遮掩,别把遗憾和焦虑继续蔓延。

要把昨天牵绊心绪的麻烦抛撒一边,要把过去缠绕眼前的云雾阴霾挥手驱散,你就会发现——

幸运友善从来没有离开过身边;

自信乐观一直驻足植根在心间!

正能量的人 精神振奋

正能量的人自带光芒,正能量的人匡正气场!

正能量的人精神振奋,乐观向上;负能量的人萎靡不振,悲观绝望。

正能量的人淡定从容,充满自信,善于自我调解、排解纠结,知足常乐;负能量的人神不守舍,内心自卑,时常自寻烦恼、闷闷不乐,"系死疙瘩"。

正能量的人奉行助人为乐,践行"因为有我快乐,别人更欢乐","因为有我助兴,别人更高兴"!

不犹豫徘徊 不消极懈怠
抓住机会用好舞台

没谁能给谁荣华富贵；

最多提供机会和舞台。

有人叹息，当今社会就像过剩经济，似乎什么都不短缺，什么都要"去产能"，但是，"真正短缺的是智慧和胆略"，"支点和杠杆也经常缺货"！诚如虎的王者之风，狮的傲视群雄，鹰的锐利眼光，狼的团队精神，熊的无畏胆量，豹的敏捷迅猛……都像是水和空气一样，是健康人生、平安人生、智慧人生、奋斗人生、成功人生、幸福人生须臾不可或缺的！

只要你不犹豫徘徊，不悲观失望，不消极懈怠，不软弱告败，一切的一切都会格外对你青睐！

春趣19句 横生妙趣

1. 不脱嫌热，脱后嫌冷，此乃春天。
2. 不乘难归，乘后难受，此乃春运。
3. 不写不甘，写了不通，此乃春联。
4. 不炸不脆，炸后不腻，此乃春卷。
5. 不吃嘴馋，吃后胃寒，此乃春笋。
6. 不吹嫌闷，吹了嫌凉，此乃春风。
7. 不下太燥，下了太潮，此乃春雨。
8. 不睡不困，睡后不醒，此乃春眠。
9. 不做无趣，做了无力，此乃春梦。
10. 不穿太土，穿了招摇，此乃春装。
11. 不去特想去，去了又后悔，此乃春游。
12. 不开太萧条，开了互争俏，此乃春花。
13. 不动不是人，动了好羞人！此是春心！
14. 绿色也是它，红色也是它。此乃春色！
15. 先看是季节，再看是历史。此乃春秋！
16. 字面是太阳，意思是母恩。此乃春晖！
17. 过去经常有，现在真没有。此乃春荒！

18. 过去人牛拉，现在机器代。此乃春耕！

19. 不编手心痒，编完怕人笑，此乃春趣。

习惯成自然 积久即成习

人要正视习惯：

习惯成自然！积久即成习！

习惯是养成的第二本性，它甚至比本性更顽固！江山易改本性难移！

养成好习惯需要数年，形成坏习惯只要三天；好习惯不容易坚持，坏习惯不容摒弃！

好习惯让人受益匪浅，获利终生；坏习惯令人吃亏不少，贻害无穷！

勤奋好学律己从严
诚实守信待人以宽

一个人要努力养成十个好习惯——

与人为善，拔危济安；

诚实守信，兑现诺言；

认真严谨，秉规持范；

勤奋好学，看齐仁贤；

谦虚谨慎，踏实稳健；

有条不紊，按部就班；

吃苦耐劳，任劳任怨；

反躬自省，崇善惜缘；

律己从严，待人以宽；

感恩图报，以德报怨；

浴淡不贪，洁身清廉！

每天坚持9件事
人生会越来越顺

每天坚持9件事,持之以恒,久久为功,件件回报都是好事:

1. 微笑,颜值会越来越高;
2. 博爱,关爱会越来越多;
3. 大气,气质会越来越好;
4. 理解,信任会越来越深;
5. 兼容,心智会越来越灵;
6. 赞美,生活会越来越美;
7. 坦荡,心胸会越来越广;
8. 亲善,道路会越来越宽;
9. 感恩,人生会越来越顺。

正直善良往前走
幸福活过九十九

爹妈生咱好时候,

顶天立地闯九州。

正直善良往前走,

幸福活过九十九!

能拿起,能放下,哪怕天大的啥理由!

又加班,又熬夜,何惧熬它一整宿!

好吃肉,好喝酒,想喝还能连杯撒!

爱亲人,爱朋友,整天开心不发愁!

常打坐,常按摩,少说活过九十九!

环境造人
读书学习可以改变习性

人要重视习性：

狮子绝无狐狸的习性！犀牛必是"昼伏夜出"，猫头鹰总在"夜袭猎物"！

"性相近，习相远"，读书学习可以改变习性！"近朱者赤，近墨者黑"，结交朋友也可以改变习性！

环境造人。人际关系优劣评估各不相同，既可以造成一个人"习性"取向的差异，也能够双向塑造一个人的好坏习性！

修行品性 远离恶劣习性

一个人要通过修行品性,远离10种恶劣习性:

口是心非,阴险诡异。

亲近远疏,厚此薄彼。

尔虞我诈,勾心斗角。

贪财好色,欲壑难填。

厚颜无耻,寡廉鲜耻。

自私自利,损人利己。

以怨报德,背信弃义。

欺软怕硬,以强凌弱。

媚上欺下,仰人鼻息。

丑陋龌龊,下流卑鄙!

精神上的富足能带来一生幸福

洛克菲勒说:"能带给孩子一生幸福的不是金钱,而是完整的人格、强大的内心、精神上的富足和良好的生活习性"。

一个人要想让自己的人生与众不同,就必须孜孜以求、习惯养成并持之以恒地呈现超越常人的身正影端的言行!

咱没人家聪明,就要比人家更勤奋;

咱没人家能跑,就要比人家起得早;

咱没人家底厚,就要比人家勤奋斗;

咱没人家命好,就要比人家能创造。

一个人只要一直向前看,向前走,向善行,向好干,终究你就是"不一般",你就会不平凡!

人不能随心所欲改变颜值
却能尽心竭力改变气质

  人能功成名就、"出人头地",一般并不是才能多么的出类拔萃、才华横溢,而是待人处事和蔼可亲、深情厚谊,富有亲和力、凝聚力。

  人不能随心所欲地改变自己的颜值,却能尽心竭力地改变自己的气质,更具魅力和吸引力;

  人不能随心所欲地达到理想的程度,却能尽心竭力地提升自己的高度,富有思想和引领力。

人最先颓废的
是不亢不卑的"自尊心"

人最先颓废的，不是胳膊大腿，也不是心肝脾肺，而是不亢不卑的"自尊心"。

人最先低迷的，不是生理体力，也不是生机能力，而是不气不馁的"精气神"。

人最先丧失的，不是昂扬斗志，也不是浩然正气，而是不惧不怕的"正义感"。

人最先衰老的，不是外表容貌，也不是兴趣爱好，而是不偏不倚的"自豪感"！

因果取向 不可逆向

人生十个因果取向,项项不可逆向!

1. 不是因为有了目的才有动力,而是有了动力才有了目的!

2. 不是因为有了甜头才有奔头,而是有了奔头才有了甜头!

3. 不是因为有了力量才有强壮,而是有了强壮才有了力量!

4. 不是因为有了机遇才有进取,而是有了进取才有了机遇!

5. 不是因为有了技能才有主动,而是有了主动才有了技能!

6. 不是因为有了地位才有作为,而是有了作为才有了地位!

7. 不是因为有了厚望才有担当,而是有了担当才有了厚望!

8. 不是因为有了默契才有配合,而是有了配合才有了默契!

9. 不是因为有了收获才有付出,而是有了付出才有

收获!

10.不是因为有了关心才有感恩,而是有了感恩才有了关心!

没法改变
就去适应

一位亲人常用一句"我没有办法呀"来"自我宽慰",仔细品味还真挺对!

没有办法改变,就去适应好了,哪怕是难以面对!

没有办法决裂,就去迁就好了,哪怕是撕心裂肺!

没有办法解决,就去妥协好了,哪怕是痛苦遭罪!

没有办法忘却,就去念旧好了,哪怕是伤痕累累!

先哲发明了"忍者"和"仁者",值得品味琢磨,两者念出来虽然只差了个"音韵",想起来却非常异味儿——仁者,一人待另一人/别人如同本人;忍者,一人心上像是悬着一把利刃啊!

用春光明媚的心态迎接阳光灿烂的日子

多数人的人生都是负重前行的,"超重承载"大多不是别人强加的负荷,而是自己不断加码的结果。

"那些个取而不舍,那些个求而不得,那些个难以忘却,那些个忍痛难割……就叠加交织成了行路背负的沉重包裹"。

这偌大的行囊之中,有太多的沉重,缺少了轻松;有太多的痛苦,缺少了幸福;有太多的忧郁,缺少了欣怡……

遇到这些境况,必须用怀疑的眼光审视过往,必须用批判的武器否定自己的过去,用春光明媚的心态迎接阳光灿烂的日子!

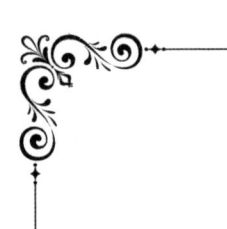

"扬弃"意味着
继承中有创新 弘扬中有放弃

"扬弃"意味着继承中有创新,弘扬中有放弃!

人的一生就是在不断选择取舍、不断承继放弃中度过的。

有所放弃,才能焕发出新气象,才能释放出新能量。

果敢放弃,才能催生出新觉醒,才能呈现出新愿景。

理性放弃,才能做得出正确选择,才能收获到理想结果!

曾经走过的路
是最珍贵的财富

一位智者常说：

不要忘记自己曾经走过的路，因为它是你最珍贵的财富，只有记住这些以前的路，才能走好以后的路。

人要时常回头看，看看自己留下的一串串脚印，梳理一下从前经过的事情，自然会更加清醒、更加成熟地办理好往后将要经历的事情。

人要时常回头看，只有把自己过去走过的每段路看清楚，才能更加坚定、更加稳健地走好未来的下一程、每一步。

想开放下 就会解开心结疙瘩

人生思绪 RENSHENG SIXU

那些令人闷闷不乐、陷人于"水深火热"的心结疙瘩，有一把万能钥匙就可以"迎刃而解"的，那便是想开放下。

把尘事是非真伪看轻些；

把人际好坏疏密看浅些；

把得失多寡稠稀看淡些；

把成败胜负高低看开些……

心里就不会憋屈，不会疲惫，不会拥挤；心能够得以喘息，就会感受阳光的沐浴，大地的恩赐，世人的善意。

小事开心 大事宽心

人活着就要心宽，大度能容，啥时候都笑口常开；

人活着不可心窄，小肚鸡肠，啥事情都想不大开。

小事多如牛毛，一个人对鸡毛蒜皮的小事又能计较多少？

大事重如泰山，一个人对盛衰成败的大事又能如之奈何？

为小事而耿耿于怀，不值得；为大事悲悲切切，不应该。可取的心态是，小事开心，大事宽心。

人生要不断吸取教训才会与时俱进

"人生没有定局,一切都在变异"。

"社会时时处处都在重新洗牌,一切都能改变,一切都能从头再来。"

人生不要因一时的失败就灰心丧志,凡事都有机会再创生机。

人生要不断吸取失败的教训,才会与时俱进。坚持到底就是胜利!

爱迪生前后失败两万多次,最后成功地改良了蓄电池。

天时地利人和三者利好
事事如意向好

宇宙间有天地人三才，

天空中有日月星三光，

大自然有红黄蓝三色，

尘世上有好中坏三种……

都符合"天人合一""三生万物"的道理。

　　人生变化的量变和质变，都取决于天、地、人三个变数加权。

　　天时、地利、人和三者利好，不论办怎样的大事、多大的难事和何等的喜事，都能事事如意、一切向好。

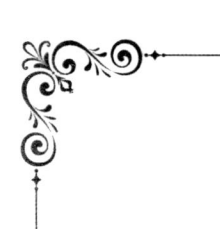

人生要发扬"不倒翁"精神
"重心下沉 脚下生根"

人生要发扬"不倒翁"精神,"重心下沉,脚下生根",不管被打翻多少回、按倒多少次,都能翻身站起。

人的一生学而知之,但从失败中学到的东西,远比从成功的经验中学到的东西要多得多、更深刻。

没有经历过失败的人生毫无意义,即便是拥有所谓的成功,也只不过是一种巧合侥幸;没有经历过失败的人生枯燥乏味、单调空洞,甚至可以武断地说,简直就是绝对不可能。

人生旅程遇坎受阻
要坚持"宜疏不宜堵"

人生旅程时常遇坎受阻，只要坚持"宜疏不宜堵"，还将拥有光明的前途。

《山海经·海内经》讲述了鲧禹父子治水的典故。鲧偷了天帝的息壤来挡洪水，没有成功。但是，他把不屈不挠的奋斗精神传给了儿子禹。禹在总结父辈治水经验教训的基础上，经过艰苦卓绝的奋斗，用疏导的方法治服了洪水，获得了成功。

于是，才有了"大禹治水，三过家门而不入"的传世佳话，也有了"大禹治水，宜疏不宜堵"的科学方法！

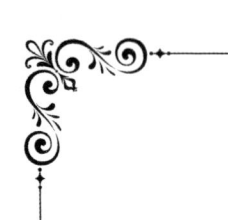

内敛组合与低调助推成熟成功的人生

成熟成功的人生,都有惊人相似的内敛组合与低调构成!

逆境中,有一份不声不响;

被动中,有一份不急不慌;

危险中,有一份不紧不慢;

谴责中,有一份不争不辩;

窘态中,有一份不卑不亢;

盛赞中,有一份不骄不躁!

好强别逞强
示弱别软弱

好强别逞强，示弱别软弱！

一个人太过强势，不管出发点是对是错，都未必有好结果，要么伤害到别人，要么伤害到自个儿。

一个人不懂得示弱，往往落得个"好汉吃了眼前亏"的后果。"示弱"简单易做：

意见相悖时别固执，在关键处借鉴借鉴别人的思路；

意向相逆时别强扭，在关注时体会体会别人的感受。

示弱不是懦夫妥协，低头不意味着不成熟。放眼望去，"示弱低头，才是熟透的稻谷"！

每个人的世界里
都有一条风景独好的观光线路

人世间，每一个人的世界里，都有一条风景独好的观光线路，这就是梦想；每一个人的世界里，都有一堵高耸坚硬的隔离挡墙，这就是现实。

翻过墙的努力，这就是坚持；推倒墙的结果，这就是突破。

人生行路，前途取决于对这堵墙的态度：

如果当成绊脚石，它会令人如遇拦路虎，望而却步；

如果当成垫脚石，它会让人极目楚天舒，高瞻远瞩！

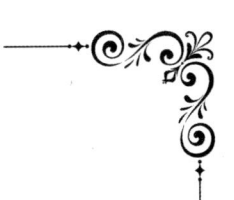

人生要学会适时调节心情
于繁忙中寻一种惬意

人生之旅,如果是消极看待生活,即便看黑白昼夜交替,也会觉得总是平淡无奇,而且每天总是重复来重复去,乏味无趣……

人生要学会适时调节心情,于繁忙中寻一种惬意;于枯燥中寻一片绿意;于坎坷中寻一份顺意;于屈辱中寻一丝敬意……

人生:

多一分温暖前行就更加美好;

多一些关爱互动就更加美好;

多一颗善心相伴就更加美好。

自己选择走的路
再陡峭也要坚守

如果从事的是自己愿意做的事业,再难再冤也会喜欢!
如果行走的是自觉选择走的道路,再峭再陡也会坚守!
如果携手的是自己认同的同路人,再累再苦也愿付出!

不会被一座山压倒的人
却可能被一块石头绊倒

韩非子说过:"不会被一座山压倒的人,却可能被一块石头绊倒。"

自大、自满等不良因素,都是导致失败的直接诱因,而且由这种因素引发的失败,一般都损失惨重。

自大、自满的人几乎都讳言失败,甚至有的人还"谈败色变"。

人生旅途上,失败是正常的,不失败才是不正常的,重要的是面对失败的心态怎么样,能不能反败为胜。

因为一时的失败便一蹶不振,可以说,这样的人不是被失败打垮的,而是被那颗失败的心打倒的。

痛苦的生身父母是愚蠢和执着

痛苦的生身父母是愚蠢和执着!

烦恼是痛苦的一奶同胞,并不是痛苦的肇事者,而是痛苦的感染者。

痛苦和烦恼时常交叉感染,"感染源"病毒,都来自愚蠢和执着这双父母,它们一经组合传播,一个人的心理平衡就会倾斜,心境的宁静就会被彻底打破。

眼界决定境界
思维决定方位

眼界决定境界；

思维决定方位；

格局决定布局；

意志决定毅力。

人生，不在于启动早、起点高，而在于坚持目标不动摇。"笑到最后才是笑得最好"！

心放在哪里，一切就聚在哪里。走向成功的金光大道上，从来就不拥挤，因为坚持数载如一日者古来稀（借用"人过七十古来稀"）。

勤勤恳恳的人
终究会崭露头角

那些勤勤恳恳的人，即便很长时间一直默默无闻，终究会崭露头角。

那些久久为功的人，即便很长时间总是劳而无功，终究会水到渠成。

那些生生不息的人，即便很长时间都是微不足道，终究会崭露头角。

那些踏踏实实的人，即便很长时间还是碌碌无为，终究会大有作为！

煞费苦心去琢磨说
不如脚踏实地从细微做

实干兴邦，空谈误国！

天桥的把式，光说不练！光说不练，是假把式；光练不说，是傻把式；多练少说是真把式；会练会说是好把式！

与其坐着说，哪如起来行？！只有唱功，没有做功，早晚现原形，日久陷窘境！

嘴行千里还是原地不动，一沓纲领不如一个行动！言为心声，行为证明，与其煞费苦心去琢磨说，不如脚踏实地从细微做，"说"切莫舍本逐末！

珍惜当下释怀所求
淡定轻松笑对今后

  一个人如果一无所有,就要释怀所求之有,拥有淡定轻松的心情就已足够;

  一个人如果已经拥有,就要珍惜当下之有,有情有爱、有亲有友就没忧愁;

  一个人如果痛失已有,就要忘却曾经之有,笑对今后,让所爱所求再所有。

越坚定信心就越充满信心
越坚守阳光就越充满阳光

开心与不开心只是心情的两种"天气",正像大气质量也分阴霾天和晴朗天两种情况。

调控心情也要重视"天气预报","晴雨表"预警了沮丧,就不要悲伤;预警了阻挡,就不要失望。

对待心情,务必遵循"马太效应"。你越坚定信心,就越是充满信心;你越是坚守阳光,就越是充满阳光。

人生很多事情是可以预期前瞻的,但是,更多的事情都无法提前知道,唯有用心用情认真对待并尽心尽力做好眼前。

行事不可任心
说话不可任口

"行事不可任心,说话不可任口"。"戒多言",只说有用的话、管用的话,少说没有价值的废话、不说引祸加身的胡话。

六句话是不能说的:

第一,不说直来直去的白话。说话看场合、顾及他人感受。

第二,不说惹是生非的闲话。"人前说非事,必是是非人"。

第三,不说怨无尤人的气话。抱怨是最无用处的方式,不但于事无补,反而会让人陷入负面漩涡。

第四,不说自我膨胀的狂话。切记,低调内敛远离危险!

第五,不说胡编乱造的胡话。活得明白,自然要说明白话。胡话一说出口,就会少亲友。谁愿意亲近一个满嘴胡言乱语的人呢?

第六,不说恶言恶语的狠话。良言一句三九暖,恶语伤人六月寒!积口德,既是对别人尊重,也是与己自尊。"我一死何足惜,不过还是怕人言可畏"。

说话有分寸
利好自身 恩及子孙

正常情商人,说话要认真:

说话有分寸,不仅利好自身,而且恩及子孙!

说话的程度,决定了人生的高度!

——说话的深度,决定了眼界的广度;

——说话的力度,决定了用心的态度;

——说话的温度,决定了情义的纯度;

——说话的宽度,决定了积淀的厚度!

说话是门技术
会说话是门艺术

说话是门技术，会说话是门艺术！

要说实话，不要说空话；

要说真话，不要说假话；

要说积极话，不要说消极话。

多说鼓劲话，少说泄气话；

多说赞赏话，少说贬损话；

多说指导话，少说指责话。

要说心里话，不要说应景话；

要说暖心话，不要说寒心话；

要说虚心话，不要说痴心话；

要说贴心话，不要说伤心话！

第五卷

励志坚定人生

LIZHI JIANDING RENSHENG

人生思绪 RENSHENG SIXU

会说话是性价比最高的社交方式

会说话,是性价比最高、使用率最频的社交方式!

会说话,是交际圈中既能巧妙表达自己的真实想法,又能让人心生愉悦的有效方法。

会说话,就要善于运用幽默感,提高亲和力,制造融洽、化解尴尬。

会说话,就要能够笑呵呵地说原则,把"拒绝"说得让人产生舒服的感觉。

会说话,就是总能让事情紧扣主题,因循主旨目的达到自己的理想预期。

说话二十二戒

祸从口出，言多必失。汇总编辑个《说话二十二戒》：

1.戒多言："做事别磨蹭,说事别啰嗦"！说话不要太多，多言乱序，言多必失。

2.戒轻言：不要轻率地讲话，"嘴巴比脑子快，实质是瞎掰"！轻言不慎会招来责怪和羞辱。

3.戒狂言：不要不知轻重，胡说八道。睁眼瞎说，必有啰嗦。

4.戒杂言：说话不可杂乱无章。杂乱无章，就会言不及义，甚至有失纲常。

5.戒戏言：不要不顾分寸没深没浅、没大没小乱开玩笑，否则会引来误会，招来祸害。

6.戒直言：不要不管不顾，不计后果地"直言不讳"，否则也会把人得罪。

7.戒尽言：看透别说透，说话要有所保留，不要"知无不言，言无不尽"，不给自己和对方留有余地。

8.戒漏言：不要泄露机密。有些话要守口如瓶，一辈子都咽在肚子里。事以密成，语以漏败。

9.戒恶言：不说无礼粗鲁的话，不说非礼挑衅的话，

不说失礼伤人的话。（刀疮易没，恶语难消）

10.戒巧言：不要花言巧语。花言巧语、巧言令色的人，必然是虚头巴脑的伪君子。

11.戒矜言：不要骄傲自满，自以为是。自矜自夸，是涵养不够的表现。

12.戒谗言：不要背后说别人的坏话。背后说人坏话，会弄得右邻不安、天下都不太平。

13.戒讦言："打人不打脸，骂人不揭短"。不要攻人短处，揭人疮疤。揭人疮疤的人，招人痛恨，害人害己。

14.戒轻诺之言：不要轻易向人许愿。"嘴上诺诺诺，就是不去做"。轻易许愿，会失信失言。

15.戒强聒之言：不要唠唠叨叨，别人不愿听也说个不停，使人厌烦。

16.戒讥评之言：不要说讥讽别人的话。喜欢讥讽议论别人的人，对自己的要求往往马虎。

17.戒出位之言：不要说不符合自己身份、地位的话。

18.戒狎下之言：不要对下属讲过份亲密的话，以免下属迎合你而落入圈套。

19.戒谄谀之言：不要说吹捧奉承别人的话。吹捧奉承别人，是人品卑微的表现。

20.戒卑屈之言：不要低三下四，说奴言婢膝的话，因为德厚者无卑词。

21. 戒取怨之言：不要说招人怨恨的话，播下使人怨恨的种子。

22. 戒招祸之言：不要说招来祸害的话。许多祸害，往往是说话不当的结果。

命运顺风水
常看一张嘴

命运顺风水,常看一张嘴。

嘴普惠,人富贵!嘴有愧,福远推!

切忌祸从口出!

切忌交浅言深!

切忌言不由衷!

切忌信口雌黄!

切忌血口喷人!

切忌口无遮拦!

切忌嘴犟无畏!

人要善于交流
心情才不孤独

人要善于交流，心情才不孤独；

人要经常沟通，心里才不郁闷；

人要习惯独处，心灵才能彻悟。

习惯独处，心情才会平静，心灵才会洁净，心智才会结晶。

习惯独处，做人才能坦坦荡荡、安然自得，处世才能堂堂正正、泰然自若。

好嘴能说会道
好心暖和到老

"婆娘嘴甜像抹蜜,顶风送客十里地"!好嘴能说会道,好心暖和到老!

好嘴暖一阵,好心暖终身!

有的人常发蒙,好心人常有郁闷,因为好话常被当作耳旁风;有的人常发呆,好话儿常遭误会,因为好心常被当作"驴肝肺"。

终归是:善良人最终不吃亏;虚伪者终究心有愧!

尽管好心帮人去解围,却反倒常把人得罪,暗自伤心流眼泪,但仍就是好心相对,好话相陪,一生一世痴心不改,终身无悔。

不要让昨天的忧伤和今天的失望
黯淡了明天的希望

　　不要让昨天的忧伤和今天的失望，去黯淡了明天的希望！

　　不要让对手的打击和帮手的不力，去懈怠了携手的努力！

　　不要让饱尝的苦头和沮丧的苗头，去冲抵了奋斗的劲头！

行走过崎岖的山坡
更能体会到坦途的宽阔

人生路上摔些个跟头，能让人更加成熟；

生命之中撞几次"南墙"，会让人更快成长；

生活里头经一些风雨，就让人更见世面；

职场之上多几次历练，总让人更长才干！

如果没有经历过坎坷，又怎么能体味到顺利的愉悦；

如果没有遭遇过挫折，又怎么能感受到胜利的欢乐；

如果没有经受过跋涉，又怎么能领悟到登峰的卓绝；

如果没苦熬过漫漫长夜，又怎么能领略到阳光的明媚；

如果没有行走过崎岖山坡，又怎么能体会到坦途的宽阔！

再怎么难
不过就是眼前

再怎么难,不过就是眼前!

再怎么苦,不过就是一度!

再怎么惨,不过就是道坎!

再怎么样,不过就是担当!

再怎么过,不过就是生活!

一切随缘 顺其自然

有些事,有些人,要认真,但不要去较真!

有些事,苦思冥想也想不通,就不要去想;

有些人,百般猜测也猜不透,就不用去猜;

有些理,绞尽脑汁也悟不透,就不必去悟;

有些路,百折不挠也走不通,就不能去走……

一切随缘,顺其自然!

心若轻松,一切从容!

给自己一个微笑,世界就给你微笑;

给自己一个拥抱,世界就给你拥抱;

给自己一个和善,世界就给你和善!

守好心 走好路
拥抱最美的生活

心灵有家园，人生路才越走越宽，越走越远。

守好心，走好路，珍惜最真的亲和，感受最纯的和谐，享受最喜的快乐，拥抱最美的生活。

生活中的每时每刻，都要过得真切，聚者必散，仍有来者；拥者必舍，还有后者。

人的一生不见得非要轰轰烈烈，但必须真心真意对待生活！

人心总有爱，人生才精彩！

人生中最美的
不是景观 而是情感

老祖宗发明"想念"这个词耐人寻味,"想——相+心"相互间挂在心上;"念——今+心" 彼此关心自始至终,如初如今!

一个人对另一个人想念,就想看上一眼,就会感觉心暖;

一个人对另一个人牵挂,就想说一句话,就会很开心啦;

一个人尝到孤单的滋味,就想聊一聊天,就会释怀欣然。

诚如先哲所言:

世界上最贵的,不是金钱,而是时间,"寸金难买寸光阴"。

人生中最美的,不是景观,而是情感,"好景不如好心情"。

生活里最难的,不是苦修,而是相知相信不离不弃长相守!

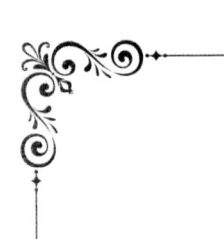

铭记感动与阳光
人生才有笑语欢歌

把那些让自己活得不精彩,活得不潇洒的时刻,统统忘了,人生才能知足常乐!

把那些让自己活得不生动,活得不开心的岁月,统统扔了,人生才能光芒四射!

把那些让自己活得又感动,活得又阳光的时时刻刻,统统铭记了,人生才有笑语欢歌!

万丈高楼平地起
干大事要从小事做起

万丈高楼平地起,干大事要从小事做起。

想做事、会做事、做成事、不惹事、能平事"五位一体"才能做成小事、办成大事。

成事的人一般都具备三个特点:

第一,愿意从小做起,知道事做于小做于细做于实做,才是成大事的必由之路。

第二,立足当前,着眼长远,埋头拉车,抬头看路,心中有大目标,知道积小胜为大胜,才是成大事的必经途径。

第三,保持一种自我革命加勇于拼命的精神,持之以恒,久久为功,砥砺前行,循序渐进,知道成大事从量变到质变的必然过程。

人生从来都是得与失的交响曲
而主旋律就是向善向上进取

　　人生从来都是得与失的交响曲,而主旋律就是向善向上进取!

　　一个人在得失交替尤其是转瞬转换的过程中,经历的是高兴与阵痛,收获的却是开明与纯正。

一生两件错事千万不能做
欺骗信你的人 伤害爱你的人

一生两件错事千万不能做：欺骗信你的人，伤害爱你的人！

一个人信任别人很珍重，捧着一颗真心，抵押了一片真情；

一个人疼爱别人很难得，肯付出着一切，甘愿损耗着自我！

千万别游戏信任，别失信，别失真，别失衡，别浪费互信忠诚！

千万别嬉戏感情，别薄情，别负心，别伤人，别背离互爱忠贞！

信任诚可贵，千挑万选就一回！

疼爱诚可贵，千言万语换不回！

生命不相信偏爱
更不相信例外

生命不相信偏爱,更不相信例外。

生命不相信倒霉,更不相信眼泪。

生命不相信走运,更不相信厄运。

生命不相信孤独,更不相信痛苦!

生命相信探索,更相信超越。

生命相信奋斗,更相信拼搏。

生命相信勤奋,更相信自信。

生命相信平和,更相信快乐!

生活对每个人都是一视同仁的

有人把活得舒坦、过得很好的人划分为两类：

一类人有钱；另一类人没钱但不在乎钱！

然而，很多的人感叹惋惜自己的生活，并且把自己归为第三类人，没钱，又想拿钱过很好的日子。

生活对每个人都是一视同仁的。一事当前，如果总是想"不可能"，就没有了勇气和力量去心想事成；而凡事一开始就想着准能行，信心和动力就会喷涌而生，有志者事竟成！

一个人把注意力聚焦在没有且没用的东西上，就会泄气无力；而把注意力聚焦在拥有又有用的东西上，就充满磅礴之力。

不为乌云遮望眼
波涛之上有蓝天

比大地更广阔的是海洋,比海洋更广阔的是天空!

比天空更广阔的是宇宙,比宇宙更广阔的是心胸!

一个人如果真聪明,就不会去弄坏好心情。

不为乌云遮望眼,波涛之上有蓝天。不因为一时的乌云笼罩天空,就忘了天空的壮阔与宁静。

人生也许让恶作剧作弄,或因为厄运逆境,或由于人为折腾……

只有广阔的襟胸,才能驱得散迷雾,还原一派朗晴,让心境情绪和蓝天白云一样洁净与安宁。

对"不幸"总是念念不忘就难以点燃生命的希望

对"不幸"总是念念不忘,就难以点燃生命的希望;对"苦难"总是感念心间,就难以体验生活的甘甜!

苏东坡三次遭贬,自己遭遇坎坷磨难,却令无数仁人志士广为借鉴:

他才华横溢,有宰相之才,却屡遭打压,一路从天子脚下贬到蛮荒天外。别人都难以理解,他却坦然释怀。一贬黄州的他,"长江绕郭知鱼美,好竹连山觉笋香";二贬惠州的他,"日啖荔枝三百颗,不辞长作岭南人";三贬儋州的他,"他年谁作舆地志,海南万里真吾乡。"

林语堂先生如此评说苏东坡,一生是"人生的盛宴","快乐的生活"。

记住而忘不了的东西太多,计较而想不开的事情太多,都会累着自个儿,不会快乐!

历经苦难仍从容 砥砺前行更淡定

  一个人从校门迈进大社会——

  总看着让自己望尘莫及、羡慕不已的一些个人……

  经受过被人误解又丢掉信任、委屈难忍的苦闷……

  承受过未曾见的独自漂泊、举目无亲人的困惑……

  经历过难以忘却的友求于己、无能为力的事情……

  然而，你却依然一声不吭、不忘初衷，仍旧淡定从容、砥砺前行，你就会迎来玉汝于成、浴火重生！

别怕黑暗 穿过它就是光明

每个人在世上都有一份特定的责任和义务,它是存在着的价值和缘故。

不要埋怨学习的寒窗之苦,它让你学有所获;

不要抱怨工作的辛劳之苦,它让你累而快乐;

不要愁怨生活的含辛茹苦,它让你重温幸福!

"人生人生就是人为生命而活着","生活生活就是人活着快活"。

别怕黑暗,只要穿过它,就是光明重现;别怕痛苦,只要熬过它,就是欣然往复;别怕孤独,只要别过它,就是重逢温度!

作用不分年龄长幼
功名不在排名前后

有个"五指争大"的故事,耐人寻思:

五根手指头召开一次专题小组会议,主题是:究竟谁才是头儿?

大拇指首先威风凛凛地说:"只要我竖起大拇指,就表示那是最大、最好的象征,所以我是老大。"

食指不服气地反驳说:"民以食为天,人类在品尝美食时,一定要用我这根食指,所谓'食指大动',因此我是饮食的代表。不吃饭,你们都不能存在,当然我最大。"

中指不可一世地说:"五指我居中,而且最长,你们应该听命于我才对!"

无名指优雅地说:"我虽然叫无名指,但是人类结婚时的钻石戒指,都套在我身上,我全身是名贵的珠宝,你们怎能和我相提并论呢?"

四指都各自炫耀自己的伟大及重要性,只有小指头默然不语。

四根指头吵闹了一阵,发现小指头一直沉默,便好奇地问他:"你怎么不说话呢?"

小指头说:"我最小、最后,我怎么能跟你们相比?"

正当他们得意洋洋的时候,小指又说:"但是合掌礼拜佛祖圣贤时,我是最靠近佛祖,最靠近圣贤的。"

原来,作用不分年龄长幼,功名不在排名前后!

棋局变幻无常性
悠悠我心愈淡定

茫茫人海众生百态,诱惑形形色色多奇怪;
云云生者千差万别,性格奇奇特特耐琢磨……
滚滚红尘乱象纷呈,纷争磕磕碰碰无止境;
悠悠我心沉思淡定,脑海清清爽爽春潮涌;
小小寰球冷暖阴晴,棋局风云变幻无常性;
泱泱大国百业中兴,气势磅磅礴礴好风景!

生命中的每一天都是一次起步

生活有期待,也会有徘徊;

生活有欣喜,也会有惊奇。

生命中的每一天,既是一场开幕,也是一场闭幕;

生命中的每一天,既是一次起步,也是一次结束。

人生都有苦楚,还有一些纠结,让人无处诉无援助;

人生都有幸福,还有太多的庆祝,令人既舒服又羡慕!

不忘初衷 方有始终

做人杰出和生活幸福，哪里只是老天的眷顾，关键在于自己的不懈努力和倾心付出。

干工作必须脚踏实地，做事情切忌急功近利。

"宁可十年挖一口井，不去一年挖十个坑"！

不忘初衷，方有始终！只有毫不犹豫地坚持最初的选择，才能持续不断地收获想要的结果！

"人生精进"的10项原则

管理大师德鲁克明示"人生精进"的10项原则,超凡的洞见和思想,打破了时空的壁垒,在当下依然行之有效。

第一,自我管理,是管理他人的前提。

第二,扬长避短,做自己最擅长的事。

第三,事半功倍,找到最适合自己的工作方式。

第四,惜时如金,"管理需要可衡量的标准",时间亦如此。要做到这一点,需要把时间分为三个模块:一是创造完整的属于自己思考的时间,虽然可能只有90分钟,但是日积月累的效果会非常惊人;二是给那些突发事件或突然状况,预留出一些自由的时间;三是为一些重要的涉及决策讨论和意见交换的会议,留出固定的时间,认真备课,并加以跟进。

第五,会议高效,花更多时间准备而非开会。

第六,找到原则,让决策变得更高效。

第七,建立独特价值,任何人都无法替代你。

第八,专注进行时,确保自己始终在YES的路上。高效的人不会活在过去,纠结过去的问题,只会放眼未来,专注于现在。

第九，精益求精。

第十，创造价值，专注创造的价值而非成功。"我本人，正是自己思想的践行者"。

自强不息君行健
厚德载物朗乾坤

走心路，深沉；走正路，远行；心路正路并走，功成名就。

心力大者，睿智而前瞻；

眼力大者，卓识而远见；

脚力大者，践行而致远；

笔力大者，明道而至简。

四力皆大且聚合者，自强不息君行健，厚德载物朗乾坤！

成功路只需要迈四步：
相信 行动 感恩 坚持

成功路只需要迈四步：

第一步：相信。选择之前可以怀疑一切，选择之后必须坚信不疑！

第二步：行动。让梦想展翅飞翔才能铸就辉煌，行万里路胜过读万卷书。

第三步：感恩。感恩是重情，也是修行；感恩是智慧，也是回馈。懂得感恩才会珍惜拥有，知恩图报才会拥有更多回报！

第四步：坚持。"一口吃不出个胖子来"，"一锹挖不出口井来"！任何逐梦圆梦的过程，都是不懈努力，持之以恒的回应！

只要迈出相信、行动、感恩、坚持四个坚实的脚步，人生成就必然值得庆祝！敢于梦想，勇于逐梦，恒于圆梦，注定梦想成真！

不滞于物 不困于心
不乱于人 不失自我

每一个人的人生都是个案特例,"不是每一条鱼都生活在同一片海里"。

任何一个人的幸福都无法复制,活得悦己悦人的人,都参悟了四重人生智慧:不滞于物;不困于心;不乱于人;不失自我。

"身体可以戴着沉重的镣铐努力前行,心灵可要插上自由的翅膀翱翔蓝天"。

不为斗米折腰
不为物欲所累

一生都要笃学彻悟庄子的四个小故事,深刻领会其中的大智慧,不懈攀登人生的四重境界。

第一,常学常思"北冥之鱼"。它启迪我们,人一旦被物质所捕获,必然会失去纯粹的自我。我们要不懈攀登人生的第一层境界:不为斗米折腰,不为物欲所累。

第二,常学常思"濠梁观鱼"。它启迪我们,生活就像一出戏,我们不在别人的曲目里,怎么能知道别人的悲欢。与其绞尽脑汁去想着活成别人喜欢的样子,倒不如努力去活成自己喜欢的样子。我们要不懈攀登人生的第二层境界:不为别人评价所累,不为别人说法却步。

第三,常学常思"权贵之腐鼠"。它启迪我们,自己汲汲渴求的,可能是别人厌恶的东西。人生在世,不能被别人挟裹,得活出纯粹的自个儿,一生才没有白活。我们要不懈攀登人生的第三层境界:不为人所乱,不为人干扰。

第四,常学常思"无用之用"。它启迪我们,人生在世,各有各的活法,不同的标准下,有着不同的价值。人不能总是拿"名利"作唯一的评判标准,天生万物,各有不同,

不单为取悦人而存在。我们要不懈攀登人生的第四层境界:不失自我,不忘初心。

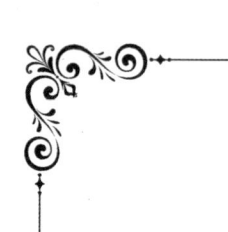

诚信可赢天下
守信方得人心

诚信可赢天下，守信方得人心。

做事要对得起良心，德行天下，才能天下通行！

做人必须诚实守信，"人而无信，未知其可"！肯定为人不仁！

一个人没有信用再有才能没有用！不要盲目去承诺发誓言，既然承诺了拼命都要去践诺、去兑现！

勇敢者的路
永远就在脚下

人生差别巨大，甚至于一个人华丽转身，同比处境也是大相径庭：有的人就是历史的创造者，他们功在千秋，名垂青史；有的人就是历史的旁观者，他们总是在岸边徘徊驻足，看船只起航搏浪，却从来不去走下码头，驱飞舟扬帆离港。

人生与国同行同兴，光彩人生贵在行动！时势造英雄，英雄建奇功！赶上好时光，为何不风光！付出换来幸福，幸福回馈付出！

生活虽然有甜也有苦，但只要往前走，脚下就有幸福路。

大路朝天，各走一边。是路就有坎坷和坦途，是路就有人在出征，有人在迷瞪。勇敢者的路，永远就在脚下；懦弱者的路，永远止步眼前！

征服弱点的锐利武器
就是自觉加强自律

征服自己的一切弱点,正是一个人伟大的起点!

征服弱点的锐利武器,就是自觉加强自律。

个人的奋斗目标与"我的梦想"一经确立,就要积累并激发出无穷无尽的内生动力。并不是他律,自律才是通往成功之路的必备素质和可靠阶梯。

善良是心底发出的温度
恰如其分的善心还要有硬度

善良是心底里发出的温度,但是如果善心要是不长出牙齿让人感到硬度,那么这样的善人就是懦夫。

人要秉持一颗善心,这永远没错,但是对谁都好且到了没有底线的程度,那么这样的善举就是没有原则。

善良一旦失去了原则,就等于"助纣为虐"。没有扬善除恶的"善良",无异于为虎作伥!

为什么,在这个真善美与假恶丑并存的世界,有时会"善人反被恶人欺,善意倒被众人疑"?

善良的人要是善良到了毫无保留,恶人就会乘虚而入,甚至到了敢做恶多端、肆无忌惮的地步。

人与人相遇靠缘分,人与人相处靠情分。亲和清,近和纯,既是将心比心、心心相印的凝聚核心,也是真亲真清、真近真纯的衡量标准。

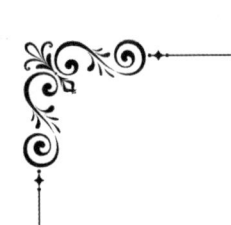

自律自警
对诱惑保持清醒

人无完人，孰能无过？

每个人都会有缺点和不足，都可能犯错误，但是，有没有自律约束，决定了其人其过是否能够被宽容饶恕。

做到自律，要"吾日三省吾身"，经常自我严格检查，不断反省自己的言行，坚持真理，修正偏差。

切记，一个人再正派，不自律也变坏。正人君子不自律，也会变得不仁不义！高效能人士不自律，他（她）就是欲望和情感的奴隶。

对生活有力掌控，对诱惑保持清醒，对言行自律自警，才能掌控人生。

走好想走的路
做对想做的事

  智慧人生也不可以怠慢真诚,真诚待人才能换回真诚相待!

  "在一次宴会上,马克·吐温与一位女士对坐,出于礼貌,说了一声:您真漂亮!那位女士却不领情,高傲地说:可惜我无法同样来赞美您!马克·吐温委婉平和地说:那没关系,你可以像我一样,说一句谎话就行了。那位女士羞愧地低下了头。"

  "搬起石头砸自己的脚"!你不经意间扔下的一块石头,往往会把你自己绊个跟头。

  与其效仿别人的精彩瞬间,不如一直努力向上向善,让自己做得正行得端、活得更加灿烂!

  走好想走的路,做对想做的事,爱惜想爱的人。万法自然,顺其自然;结伴有缘,尽心随缘。烦时找乐,忙里偷闲;累时停手,别丢欢颜!

人生从来没有捷径
成功依靠自律垫步

自律的人，都懂得自珍自爱、勇于自警自省、善于自律自控。

自律的人，都想修炼崇高品格，追求卓越，力求出色，志向高远，胸怀广阔。

自律的人，都不光开动脑筋有想法，也千方百计想办法，还机动灵活重方法，更脚踏实地有做法。

自律的人，都懂得，"你有多自律，就有多自由"。正像康德所说："所谓自由,不是随心所欲,而是自我主宰。"

一个人自律的程度，决定这个人的人生高度；人生从来没有捷径，成功依靠自律垫步。

生活中勇于放弃彰显大气
敢于坚持源自勇气

心累，通常是因为在坚持和放弃之间举棋不定；

心焦，通常是因为在选择和割舍之间犹豫不决；

心寒，通常是因为在奉献和伤感之间体验不爽；

心乱，通常是因为在清晰和迷离之间浮想不断。

生活中放弃与坚持通常都是叠加交织。勇于放弃彰显大气，敢于坚持源自勇气。

即使人生犹如白驹过隙，昙花一现，也要成为高雅优美的一种奉献；

即使人生犹如沧海沉浮，红尘一梦，也要成就前世今生的一片净空。

人生思绪

RENSHENG SIXU

第六卷

勤奋铸就人生

QINFEN ZHUJIU RENSHENG

人生思绪

RENSHENG SIXU

幸福很简单
简单尽开颜

活得富足，不如过得舒服。让欢笑浇心田，让烦恼靠边站；开心过好每一天，不给生命留遗憾。

用高兴对人生，越过越轻松；用微笑对挫折，心里就不难过。

一生多追逐，只因不知足！这山望着那山高，掉进福堆不知福。

幸福很简单，简单尽开颜！有一张灿烂的笑脸，有一副健康的身板，有一桩美满的姻缘，有一个温馨的家园，有一片向上的空间……

越是前途受阻
越是不能掉队落伍

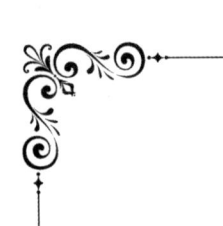

没有一帆风顺的人生，假如一帆风顺了一辈子，那么这一生是绝无仅有的荣幸，也就算不上"凡夫俗子"的人生了！

越是人生中灰暗、低迷、倒霉、不顺的时刻，越是不能灰心丧气、萎靡不振、自暴自弃、沉沦堕落！

越是遭到攻击诋毁、打击报复，越是要打起精神、振作起来，而不能强打精神、消极退败。

越是前途受阻，越是不能掉队落伍，越是要沉下心来想思路，披荆斩棘找出路，坚定信念闯新路！果真一往无前一辈子，全世界都要为你让开路！

人生路上自立自强 铸造辉煌
精神家园纯洁高尚 靓丽风光

世界忒广阔，诱惑何其多。

"不失其所者久"。一个人不论是英雄还是平庸，不管是伟大还是平凡，只要发挥优长，从事了自己乐此不疲且人岗相适的行当，总是喜气洋洋、热情高涨地爱业敬岗、铆足力量整天奔忙，那么——

他在人生路上就会自立自强，铸造辉煌；

他的精神家园就会纯洁高尚，靓丽风光。

别让昨日带泥的雨滴淋湿今日美丽的锦衣

往日如过眼云烟，不吹也散，如一层薄雾，经不住日落日出。

往日不堪回首，过去无须留恋，尽管逝去的诺言仍会偶响耳畔，个别感动的瞬间抑或令人感慨万千。

往日的划痕印迹不管是否清晰，分崩离析的过去，毕竟都已过去……别让昨天带泥的雨滴淋湿今日美丽的锦衣。

往日堆积的酸楚，时常会把今后的幸福横阻，屈服了就意味着自酿人生痛苦，胜出的就是走上了幸福坦途！

"有容乃大"
宽容才能和人顺利交流交融

"有容乃大"！宽容才能和人顺利交流交融。

做人要宽容雅量，能包容天下难容之怪事，能谅解天下难解之仇结。

"己所不欲，勿施于人"。要宽容别人，而不要强加于人。

人本就是人，做人求本真。不必刻意去做人，也不要东施效颦模仿别人，更不要屈服环境违心装人！

世本就是世，处世重事实。无须精心去处世，也不必苦心去欺世，更不能居心叵测去扰世。

简单的人
常遇美丽的风景

简单的人,常遇美丽的风景;

简单的心,常有美好的人生。

美好的体验源于简单。最美好的人生,就是持简单的心,做简单的人,过简单的生活,和简单的人相伴。

人生必须删繁就简,从繁琐到简约,从杂乱到简单,驶向最初想象的理想彼岸,回归当初追寻的现实本真。

简单才是人生快乐的源泉。用简单的心看哪里,哪里的生活就充满阳光。

生活就是过着一种心情,只要心是阳光晴朗的,人生就没有阴天雨天。

一个人真要做事有功业
就要不怕爬坡奋进开拓

大千世界，从古到今预留给赢家的宝座，永远都是供不应求、非常稀缺。

可惜的人和事却数不胜数、多如繁星闪烁，尤其是那些只想占宝座，却从不用心用力把自己往最好里做的人。

把事业往精彩里做的人，真是前有无数古人，后有无数来者。

一个人真要做到做人有功德、做事有功业，就要不怕爬坡，不惧坎坷，不畏挫折，不嫌颠簸；永远行进执着，猛进高歌，奋进开拓，前进超越！

简单 一切都会如初见般美好

幸福的人生,向来都简单。

想要的不多,生活就不会有那么多苦恼;

寻思的不多,一生就不会有多么的复杂。

人生就是在赶路,路上见过很多的景色,却越来越觉得,风景还是简单的好,简单才是风景独好的特色。

简单去生活,生活就快乐多;简单看世界,世界就美好多。"心简单了,一切都会如初见般美好"!

要拼搏 但不要拼命

要拼搏，不要拼命。

重管理，提高效率！

废寝忘食不等于刻苦努力，真正的努力，从来不需要刻意演戏。

要精细化管理自己的时间，集约化配置个人的精力，精准化改进方式方法和着力提质增效。

付出多，获得多是常态，但不一定成正比，更不要去攀比；为更多获得而更多付出往往是变态，许多人乐此不疲，更多的人追悔莫及。

"杀敌一千，自损八百，也算胜中有败！""毫发无损，令人称臣，这才叫做战神！"

保持健康体魄 是一种责任

一生最大的储蓄,是有个健康的身体!

一生再能够挣钱,也不把钱扔进医院!

一个人如果真正爱自己、真正爱家人,就要从现在做起,改变自己的不良习惯,趁着年富力强、身强体壮的时候,就爱惜自己的身体,关注自己的健康。

一个人自己的身体,关乎你和你家庭的命运境遇与运行轨迹!

保持健康体魄,是一种责任!

一个人拥有一个健康的身心,拥有一个恩爱的伴侣,拥有一个称心的工作,就是人生最大的收获,对个人来说——

奠定了人生快乐的基础结构,筑就了人生幸福的活水源头!

保持距离把握分寸
彼此珍重珍爱珍惜

"花未全开月未圆"是修身追崇的一种境界。

亲人之间，保持距离、把握分寸是彼此珍重；

爱人之间，保持距离、把握分寸是彼此珍惜；

友人之间，保持距离、把握分寸是彼此珍爱；

同仁之间，保持距离、把握分寸是彼此真正友好；

生人之间，保持距离、把握分寸是彼此真讲礼貌。

愿我爱的人 爱我的人
都开开心心一辈子

此生相遇,"三生有幸"!

其实人这一辈子:

找对了爱人,就甜蜜一辈子!

选对了贵人,就帮你一辈子!

跟对了高人,就成长一辈子!

交对了友人,就快乐一辈子!

遇上了愚人,就着急一辈子!

结上了仇人,就敌对一辈子!

赶上了浑人,就生气一辈子!

愿我爱的人,爱我的人;想我的人,我想的人;帮我的人,我帮的人,都开开心心一辈子!

人生大舞台
人人都有自己的角色

人生大舞台，人人都有自己的角色。

演绎各自的喜怒哀乐，体验各自的生离死别。

人生活剧目，有开幕有闭幕，从起初到结束——没有后期制作，也没有以后转播；只有闪亮登场，都是现场直播，还没有机会试错改错！

关爱是因为稀罕
沉默是因为包容

领导既表扬你，又批评你，说明领导真爱惜你；

领导只表扬你，不批评你，说明领导光鼓励你；

领导不表扬你，只批评你，说明领导很讨厌你；

领导不表扬你，不批评你，说明领导心里没有你！

关爱，是因为稀罕；生气，是因为在意；沉默，是因为包容；啰嗦，是因为叮嘱……

如果毫不在乎，就会视而不见、充耳不闻、无动于衷。

如果毫不在意，就会漠不关心、漫不经心、没得所谓。

不论规划的蓝图有多宏伟
都必须脚踏实地才能写峥嵘

做人做事成功并没有什么奇迹,只有努力努力再努力留下的轨迹!

理想再高远,也必须脚踏实地埋头苦干;

口号再响亮,也必须铆足力气用足力量。

不论规划蓝图有多宏伟、顽强斗志有多昂扬,只是喊口号不行动,也是空手而归、沮丧收场!

有纲领不去行动,终究也是一场空。金光大道任你行,脚踏实地写峥嵘!

命运只青睐那些勤于修身勤奋劳动的人

有的人只看重地位,却不注重作为,到头来,一生无所作为抑或碌碌无为。

现在的自己处在什么位次并不那么重要,因为毕竟都还在路上,重要的是选准自己的人生方位,坚定自己的前进方向。

辛勤耕耘时付诸的每一次努力和挥洒的每一滴汗水都不会白费。不要为这样那样的"因为"和太多太多的"可是"所拖累,阻止了自己为梦想展翅高飞,为圆梦迈开健壮的双腿!

命运从来不会故意作弄任何人,她不相信空想和疑问,她只青睐那些莫负信任、莫负光阴,勤于修身、勤奋劳动的人!

命运之神从来不随意偏爱任何人

命运之神从来不随意偏爱任何人,要想让自己具备上知天文、下知地理、知行合一的心智,拥有上善若水、向善向上、至善至真的心灵,成为顺风顺水、顺心顺意、人见人敬的人,必须:

在卑微的泥土里扎根;

在苦难的岁月里熬神;

在超负荷的业内打拼。

每个生灵,都有梦想,都想美梦成真,但只有那些为梦想永不变心、永远奋进的人,才能够真正成为圆梦的人,并亲历逐梦过程的充实与欢欣。

为人最好的境界是花未开全 月未全圆

　　一个人处世为人，没有什么比"胜过别人""压过别人""高过别人""超过别人"令人自豪、津津乐道的了。但是，全过程全方位比较，"成全别人""成就别人"效果会更好。

　　为人最好的境界就是花未开全，月未全圆。

　　见过大世面的人，既能享受最好的，也能承受最孬的。

　　清醒的人都知道，三思后行出了问题，只能谴责自己见地不高，做得不好。

　　积极向上的人都是择善而交，愿意与出世早的智者，入世好的强者结好；愿意同低调做人、高标准做事的人并跑；愿意让正能量充盈、主旋律高昂的人领跑！

脑袋向上仰 眼光向上望 手心向上张
看似都一样 实质是乱象

计划经济时代一种官场层级之间特色产品——"等、靠、要",在社会上也特别畅销。

行为主体好像都受训于同一所学校:

思维统一,长脑袋不思考,"等、靠、要"上级给指示;

行动统一,干工作不创造,"等、靠、要"上级给指令;

生存统一,有生活不自觉,"等、靠、要"上级给指标!

上上下下整齐划一,"等、靠、要"千篇一律。脑袋向上仰,眼光向上望,手心向上张……看似都一样,实质是乱象!绝非生动现场,而是虚幻形象!

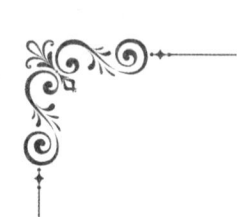

人生要慎独 慎微 慎染 慎初 慎终

"慎——竖心＋真",横竖下了决心去"恪守真""保卫真""做到真"。人生要慎独、慎微、慎染、慎初、慎终。

"慎独","君子慎独,不欺暗室",就是当面背后都一样,始终如一、表里如一。

"慎独"修炼的是内在定力,是"吾日三省吾身"的自觉境界,是在无人时的谨记自律,是在细微处的操行自守;

"慎独"就是如履薄冰、如临深渊的小心谨慎,是不放肆、不放纵自我约束,是不违规、不逾矩的一贯言行。

君子慎微

君子慎微,"慎微防萌,以断其邪"。

慎微,是重视邪恶于萌芽,防止贪欲滋生萌发,扼制邪念于初始的自警。

慎微,就是要拘谨小节,防止重蹈"温水煮青蛙效应"的覆辙。

"慎微"要钻记"勿以恶小而为之,勿以善小而不为"的古训。"不虑于微,始贻大患;不防于小,终累大德"。

"慎染"就是要见贤思齐
见不贤而内自省

君子慎染,"染于苍则苍,染于黄则黄"。

近朱者赤,近墨者黑。跟什么人学什么样,交上火夫烧灶膛。"蓬生麻中,不扶而直;白沙在涅,与之俱黑。"

孟母深明大义,明白环境造人的道理,三迁母子居住地,才有亚圣孟子成大器。

"慎染"就是要见贤思齐,见不贤而内自省,立志跟优秀的人在一起,涵养清风正气。

"慎初"就是要关口前移
不存侥幸之心 不入歧路之途

君子慎初,"君子慎始,差若毫厘,谬以千里"。

"慎初"就是要关口前移,在思想上筑牢"第一道防线",不存侥幸之心,不入歧路之途。

"轿夫湿鞋"令人警觉,"昨雨后出街衢,一舆人蹑新履,自灰厂历长安街,皆择地而蹈,兢兢恐污其履,转入京城,渐多泥泞,偶一沾濡,列不复顾惜。""倘一失足,将无所不至矣"。

一失足成千古恨。莫把"令行禁止"当口号,要自觉做到,不越雷池,行所当行,止所当止。

君子慎终则无败事 贵在坚持

君子慎终,"慎终如始,则无败事"。

"靡不有初,鲜克有终"。事情有头无尾、虎头蛇尾是屡见不鲜的,世上没有一件事情是没有开头的,但是很少有一件事情有好结局、走到头的。

行百里者半九十。做事情干事业,"功亏一篑"是常有的事儿。归咎原因有千条万条理由,最根本的一条是,缺乏"坚持"二字。

做事起始总是信心满满,踌躇满志,但"半途而废"的事例多如牛毛。

一个人懂得"慎终",未必付诸行动,但是不懂得"慎终"肯定没有笃行;

一个人不善于"慎终",未必有始无终,但是坚持"慎终"一定能够善始善终!

今天的生活全部是限量版
明天的生活都应该是升级版

先见之明是睿智!

"凡事预则立,不预则废","人无远虑,必有近忧",做人做事,要立足当前,着眼长远,善于预见,富有远见。

明眼人看得见,明事人看得懂,明理人看得准。

寡闻陋见只能看到眼前一时;远见卓识才能看到未来趋势。

有了先见之明就能见微知著,通过风向动向看清方向走向,透过蛛丝马迹洞察大局大势。

有了先见之明就善于谋篇布局,绝不是不知去向是东是西!

今天的生活全部是限量版,明天的生活都应该是升级版,有意义的人生需要的是未雨绸缪,而不是留下故事——亡羊补牢。

知人之明是才智加理智

知人之明是才智加理智!

孔子说,爱人是仁,知人是智。

老马识途,伯乐识马。千里马常有,伯乐不常在。千军易得,一将难求。"欲立非常之功者,必有知人之明"。

世上无难事,只怕有心人;世上无难事,只怕苦心人;世上无难事,只怕恒心人。世事无难办,只怕找对人。

知人之明是理性研析,是在经验累积基础上的逻辑推理。一个人有了知人之明——

既不会仅凭别人的一面之词妄加评论;

也不会仅凭一面之缘对别人妄下结论。

自知之明是明智

自知之明是明智!

人贵有自知之明,社会职场上不同于体育赛场上,没有全能选手,更没有全能冠军。

"尺有所短,寸有所长"。每个人都有优点和长处,每个人也都有缺点和短处。

做人要明智,"知人者智,自知者明"。只有认清自己,才能摆正位置。

不低估自己,才能够自立;不高估自己,才会有自励。

"做人有自知之明,做事才能量力而行"。自知之明定位,竭尽全力而为。

坚持是成功的秘诀

有的人与成功望尘莫及，有的人与成功却如影相随，他们到底差在哪里？其中秘密不在于能力，而在于坚持。唯有持之以恒、久久为功，才能取得成功。

世上最贵是恒心。才能不行，有才能而不成功的人多如繁星；天才也不行，"天才无报偿"早已约定俗成；教化还不行，被遗弃的高学历、高知人士还不是大有人在！

坚持到底就是胜利！世间事皆如此，都应了陀思妥耶夫斯基的名人名句：成功也很简单，全部秘诀只有两句话"不屈不挠，坚持到底"。

一则古代笑话中的哲理:尊重是相互的

一则古代笑话嗑,哲理很深刻!

一个秀才走在路上,遇见了一个和尚。秀才想让和尚出丑,故意对和尚说:"秃驴的秃字怎么写?"和尚微微一笑,回答道:"秀才的秀字,屁股略微弯弯调个个儿就是了。"

尊重是相互的,要想得到别人的尊重,首先要尊重别人。嘴上不饶人,面子未必不遭罪;嘴上不吃亏的人,生活中定会吃大亏。

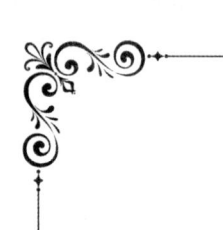

生气 百弊无利

生气,是一种负面情绪,扰乱心情,搞坏情绪,阴郁心理,伤害身体。

忙里闲时反省自己,动不动就生气,究竟为啥呢?

因为不公平待遇?不由己!

因为有人误解你?不怨己!

因为别人犯错误?不责己!

因为他人不在乎?不贬己!

白天黑夜常提醒自己,千对万对别生气,对人对事究竟啥收益?生气,只会让自己痛楚,错上加错;只会让自己抑郁,百弊无利!

一则古代笑话嗑
一个哲理很深刻

一则古代笑话嗑,一个哲理很深刻。

玉帝想要修缮凌霄宫,但"预算太大,超概太多",钱儿凑不够,于是想要把广寒宫"变现",卖给人间的皇帝。

皇帝真想买,玉帝便派灶君下界议价。等灶君到了人间,上了朝堂,朝中人纷纷议论:天庭中派下来的人,怎么这么黑呢?灶君回答道:"天下中人,哪有是白做的。"

天下没有白得的午餐,也没有白占的便宜;

天下没有绝对的坏人,也没有绝对的好人。

害人之心的确不可有,防人之心却不能无。

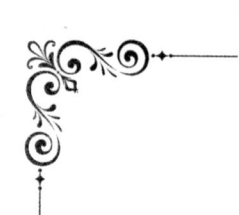

凡事让三分 退一步

气哼哼，人冲动，头发蒙，有理没理道不清！

冲动是魔鬼，动嘴动手动腿都后悔——

和亲人生气，自己"痛心"，叫人伤心。和生人置气，人家不在意，伤害自己又何必？！

在乎你的人看你生气，他(她)会担心挂记，担忧不已。

不在乎你的人看你生气，他(她)暗自欢喜，像看马戏！

生气就是与己过不去，惹你生气的人更得意！

凡事让三分、退一步，无理也是理，有理更占理：做人多包容、忍一下，就是积人气、攒运气、赚财气、享福气。

有事没事别生气
成事坏事伤身体

有事没事别生气,占理无理气自己。

大事小事别生气,成事坏事伤身体!

修身正己要平心静气,才能头脑冷静看准问题。

处人交友要收敛脾气,才能通融理解加深情义。

平常临场要考问自己,究竟因为啥愤懑、怄气?

傻人都有傻福气,多半原因不生气。

替别人惩罚自己个儿?不值得!

为别人错误吃瓜落儿?没必要!

给别人耻笑当笑料儿?别傻帽!

让别人气坏了身板儿?甭作践!

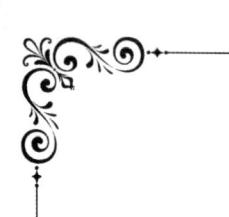

知人知面未必知心
识人不能以貌定论

一则古代笑话嗑，一个哲理很深刻。

猫坐在洞口热情洋溢地给一只老鼠庆生，老鼠打了个喷嚏，猫在洞口祝贺道"寿岁千年"。洞中的老鼠们听到后纷纷说"他这么恭敬您，何妨见它一面？"过生日的老鼠却沉静地说："他这不是真心的，这就是想骗我出去吃我呢！"

知人知面未必知心，识人不能以貌定论。

真正值得交往的人不在花言巧语，说得有多么动听，而要看他的实际行动，做得如何感人至深。

生气不生气全都在自己
如意不如意也都在自己

生气不生气全都在自己,如意不如意也都在自己。

人的一生难免会遭遇千般万种的不如意,生起各种各样的烦恼,但是,如果一直纠结着就会永远都不开心。

一个人开心不开心、如意不如意,往往取决于如何看问题,光辩证不公正不行,光客观不乐观也不行。

"即便一个人的优点像太阳,但毕竟只有一个;假如他的缺点很多,都不触及原则,那么总和就会多如星星!"

然而,客观而乐观的人会做出这样裁决:尽管在数量上他的优缺点不成比例,但"太阳一出来,星星就没了"!在意他的人,就没有理由不如意不快乐!

不要过分爱慕虚荣
它会让你心如绞痛

一则古代笑话嗑，一个哲理很深刻。

甲乙两人一起逛街，看见一位显贵的冠盖。甲吹牛说："这是我的好朋友，他见到我一定会下车，为了不添麻烦，我要躲避一下"。谁料想甲意外躲进的人家，正是显贵他家。显贵到家后，看到陌生人闯门，十分生气，让仆人把甲赶了出去。

乙目击了整个过程，十分不解地问甲"他不是你好朋友吗？"甲回答说："他平时就喜欢这么跟我开开玩笑。"

不要过分爱慕虚荣，它会让你心如绞痛；不能打肿脸充胖子，到头来遭罪的还是自己。

世上没有多少人会注意你，谁也没必要装样子、好面子。

人无完人 金无足赤

尽如人意不要沾沾自喜,很不如意也不要憋闷怄气。

"人无完人,金无足赤"。对人对物都不必吹毛求疵、过分挑剔。

一面白墙上有几个墨点儿,你说它是白墙还是黑墙?一块美玉上有几个疵点,谁又能说它就是块儿石头?一个人再优秀都难免有些缺点和不足,你能因为他有不足便说人家不优秀?!

如果一直盯着白墙上的那几个墨点不放过,黑暗就会占据你整个心口窝。心田漆黑一片被黑暗完全占据,如何能感受到光明的存续,又怎么能开心如意?

想要人生幸福,先要让自己善于拒绝或者超越痛苦;想要开心如意,先要让自己能放过自个儿,不去自我折磨,这样才能在酸甜苦辣咸混合的生活中找到并享受幸福快乐。

做人要踏实厚道 讲诚信

一则古代笑话嗑，一个哲理很深刻。

有个乐善好施的人，听说了佛祖割肉喂鹰、投崖喂虎的故事后，一门心思想要效仿，但苦于鹰在天上，虎在山里，他的确没有办法做到。

于是，他决定夏天不再挂蚊帐了，用自己的身体喂蚊子。佛祖听说后，想要考验他，就变成了一只大老虎来吃他。善人吓得大呼小叫："被蚊子那样的小东西吃一吃就可以了，像老虎这样的大东西，血盆大口一张我岂不是玩儿完了吗？！"

做人要踏实厚道，别说大话，说到就要做到；为人讲诚信相见，别乱许愿，许了就得兑现！

远离你身边的大话吹牛友，这种人除了嘴上信口开河、八扯胡诌，办起事来忽忽悠悠，半点信用都没有。

相信的力量背后是见识和格局

相信的力量背后是见识和格局。

一位哲人说:"人生路越走越狭窄,往往不是因为不够聪明,而是因为不再相信"。

心理学家麦基写的《可怕的错觉》,提出了一个概念:你看到的只是你想看到的。也就是说:你相信什么,你就能看到什么。

麦基还发现了一个秘密:一个人相信什么,他未来的人生就会靠近什么。

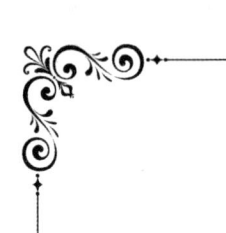

凡事不能只考虑个人
不顾及他人

　　一则古代笑话嗑，一个哲理很深刻。

　　兄弟一心，其利断金；兄弟二心，快仇痛亲。

　　兄弟俩一起种地，小麦成熟了，兄弟俩商量怎么分。哥哥对弟弟说："我要上半截，你要下半截"，弟弟指责哥哥不公平，哥哥说"明年你要上半截，我要下半截"，弟弟就答应了。

　　第二年，弟弟催哥哥播种，哥哥却说"我今年想种芋头呢。"

　　"甘蔗不能两头咬"，便宜不可一人占。

　　凡事不能只考虑个人，不顾及他人。只顾自己的利益，好处占尽，人气就会耗尽，福气也会消散。

　　当你面对一锅炖肉正飘香，千万别忘——自己想吃肉啃骨棒，一定要给别人留碗汤。

你所相信的
就是你的命运

人不可以在怀疑中生活,"怀疑一切往往就会失去一切。"

"你所相信的,就是你的命运。"

相信不排斥掺杂疑问,因为,相信不等于轻信。

在越来越难以相信的成人世界里,少知者迷!半知者茫!无知者莽!有时候越是缺乏知识的人越容易质疑,而见识越多的人反倒越容易相信。

要让人相信,是很难的事情。因为,许许多多的人,只会看到自己能到达的地方,而把不可抵达的远方,都想象得危险重重、荆棘丛生……

一个人相信什么
未来就会靠近什么

人的命运各不相同，选择相信是一种命运，选择不相信也是一种命运。

一个人相信什么，未来就会靠近什么。

一个人靠近什么，未来才能看见什么。

一个人看见什么，未来才能拥抱什么。

一个人拥抱什么，未来才能成为什么！

诚实面对自我
切莫弄巧成拙

一则古代笑话嗑，一个哲理很深刻。

有人写了封信向富翁借牛用一用，信到时富翁正在接待客人，怕客人知道自己不识字，便装模作样地看信。富翁一边看一边点头，说："知道了，一会我自己过去"。

诚实面对自己，如若不然肯定丢脸！不懂、不会不要紧，最可怕的是不懂还装懂。

装象（相）装得再像总归是假的，早晚会露馅儿，出洋相。

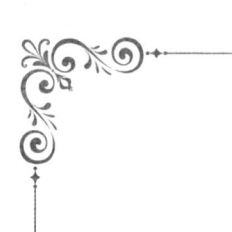

懂得灵活变通才能远离被动

一则古代笑话嗑，一个哲理很深刻。

有个人非常迷信风水，一天他坐在一堵墙下，墙突然倒了把他砸在了下面。他大喊救命，仆人听到后跟他说："您先忍一忍，我们马上去问问风水先生，今天宜不宜动土。"

做人做事最忌墨守成规，一个执着条条框框的人一定干不成大事情；一个拘泥于形式的人一定不会做出大成就。

只有懂得灵活变通，才能在生活挑战中远离被动立于不败之地。生活中的事情要分轻重缓急，只有分清主次，才能更有效率。

笑看花开是宁静的喜悦
静赏花落是随缘的洒脱

天天难过,天天过,办法总比困难多,天天过得都快乐!

不管是好天还是坏天,晴天还是阴天雨天,都要开心过好每一天!

心净,自然凉;心静,人自省。常回首,就会发现,有时候自己正在狂热追求的,也许不是真正想要的,别为了迁就别人,总委屈着自己;再回首,更有发现,自己正在为之苦恼的,甚至到了肝肠寸断的地步的,也许不是真正热爱的,别基于不甘心,逼迫着自己。

坐下来,静赏花开;沉住气,静观花落。内心清净了,头脑清醒了,自然也就看清了,对人对己就会更加理性了。

笑看花开,是宁静的喜悦;静赏花落,是随缘的洒脱。事事顺心超脱,天天开心快乐!

事不关己高高挂起的心态不可有

一则古代笑话嗑,一个哲理很深刻。

一条船在过河的中途撞到了礁石,船身裂开了一个口子,河水不断涌进来,乘客们惊慌失措。

一位先生不仅很镇定,还嘲笑乘客大惊小怪说:"用不着着急,反正船又不是我们的。"

事不关己高高挂起的心态不可有,我多一事不如少一事,你不管"闲事",他也不管"闲事",社会风气怎么才能让人满意?

别人遇到困难时,你却无动于衷,袖手旁观,甚至站在一边看热闹,轮到你需要帮助时,怎么会有人伸手相助?!

只有我们相信的东西
才有可能反过来选择我们自己

任何一个个体,从轻易相信到凡事质疑,里面都包含着科学理性。然后,从凡事不信到再次愿意相信,背后就是见识和格局。

卡夫卡说,"信仰什么?相信一切事和一切时刻的合理的内在联系,相信生活作为整体将永远继续下去,相信最近的东西和最远的东西。"

有的人会很不在意地质疑,信与不信到底又能咋地?这或许是一些人一生的谜题。

但是,我们确信这样一个道理,只有我们相信的东西,才有可能反过来选择我们自己。

人生思绪
RENSHENG SIXU

第七卷

价值体现人生

JIAZHI TIXIAN RENSHENG

人生思绪

RENSHENG SIXU

端庄厚重 谦卑含容
事有归着 心存济物

曾国藩主张人的一生要修得四种福相，杜绝两大凶德。

人的一生这四种福相要持而保之：一是端庄厚重；二是谦卑含容；三是事有归着；四是心存济物。

人的一生要戒掉两大凶德：一曰傲慢多言；二曰避而戒之。

曾国藩把人的一生一定要修得的四种福相，具体化为两种"贵相"和两种"富相"：

端庄厚重是贵相，谦卑含容是贵相；

事有归着是富相，心存济物是富相。

成功来自坚韧
坚韧来自执着

古今中外的成功人士，尽管他们家庭出身背景存在差异，脾气秉性各异且机缘不一，但是，他们都有一个共同的特质——坚持不懈、坚韧不拔，而且他们的坚韧都超乎常人。

古人云："艰难困苦，玉当于成。""宝剑锋自磨砺出，梅花香自苦寒来！"一个人要成大器，必须经过艰难困苦的磨砺。

学会坚韧，就要有顽强拼搏的意志力和进取心；

学会坚韧，就要有永不言败的内驱力和好胜心；

学会坚韧，就要有执着追求的自制力和自信心！

重剑无锋 大巧不工

人的一生要修得第一福相：端庄厚重。

端庄厚重，端庄和重，都是厚的效果，其核心就是厚。只有做到了"厚"，才能真正端庄、厚重。《易经》讲：君子以厚德载物。《道德经》说，大丈夫处其厚不居其薄。《论语》道：君子不重则不威，学则不固。

端庄厚重之人，都懂得敬畏，一个有敬畏感的人就不至于肆无忌惮，想问题就会兼顾当前和深远，做事情就不至于粗鲁莽撞，说话就会谨慎小心，交际也不至于随随便便。

人有敬畏感，往往别人也会对他产生敬畏感。得罪人结冤家越少，自然也就离祸端越远。

端庄厚重不是伪装出来的假象，而是修身修炼出来的由内而外的气象。"行步极厚重，言语迟缓"。

正如明代大思想家吕坤所说："深沉厚重是第一等资质，磊落豪雄是第二等资质，聪明才辩是第三等资质。"

正所谓——重剑无锋，大巧不工。

坚韧永远
能把人从失败的阴影里带到胜利的光环下

坚韧是一种可贵的精神，坚如磐石是她的根，百折不挠是她的魂。

从失败走向胜利需要坚韧，正视失败和战胜失败更需要坚韧这种精神。

坚韧可以充沛地供给承受力，让你坦然面对失败的逆袭和困难的打击。

坚韧可以充实地支撑你的骨骼，让你从容承接厄运的高压和逆势的负荷。

坚韧永远是托举你从逆境中走出艰难险阻的主心骨；

坚韧永远能把人从失败的阴影里带到胜利的光环下。

谦卑含容是福相
做事顺利做人成功

人的一生要修得第二福相：谦卑含容。

为人谦卑，待人宽容，做事顺利，做人成功。

凡事先退一步就叫谦；人前不傲慢就叫谦；得理也让一分就叫谦；对人多说一声谢谢、对不起就叫谦。

人到了最高处，就更要平实，不要以为自己高人一级，就比人家多懂道理。

曾国藩是这样说也这样做的楷模：有福不可享尽，有势不可使尽。

曾国藩和左宗棠在朝廷多以"曾左"并称。曾国藩要比左宗棠年长且出道早，曾对左还有知遇之恩、救命之恩。

但是，左却对曾不恭不敬且有微辞。有一次，左宗棠很不满地问身旁的侍从："为何人都称'曾左'，而不称'左曾'？"一位侍从大胆直言："曾公眼中常有左公，而左公眼里则无曾公。"侍从的话让左宗棠深思良久。

另一面，无论左宗棠如何骂，曾国藩都是相逢一笑，他曾经这样评价左宗棠："论兵战，吾不如左宗棠，为国尽忠，亦以季高为冠。国幸有左宗棠也。"

曾国藩的大度，也让左宗棠放下了心中的隔阂，当曾国藩离世时，人们纷纷猜测左宗棠可能不会致祭。而左宗棠却送来了他的挽联："谋国之忠，知人之明，自愧不如元辅，同心若金，攻错若石，相期无负平生。"

一生修来谦恭名，岂有后来不恭敬？！

坚持到底就有可能创造奇迹

坚持就是胜利！坚持到底就有可能创造奇迹！

爱迪生经历的失败无数次，才发现了做灯泡的钨丝。"失败了无数次"，仍然不退缩，不言放弃，坚持不懈，最终为千万家庭带来了光明与幸福。

居里夫人终日在实验室里拼搏，实验的失败并未动摇她的执着，也没有阻碍她的努力。她终于发现了镭元素。

霍金全身上下只有两个手指能活动。他就用这两个手指，吃力地敲打出一行行文字。尽管他行动不便，但是他从未改变过信念，坐着轮椅行走各学术讲坛。他残缺的身躯从未被人注意、让人怜悯，人们看到感佩不已的，是他的百炼成钢，他的超级顽强和他那些超人的智慧和力量。

事有归着脚踏实地
善于抓落实富有执行力

人的一生要修得的第三福相：事有归着。

事有归着，就是办事沉稳有着落。也就是脚踏实地，善于抓落实、富有执行力。

"事事有着落，件件有回音"。每件事都做得有头有尾，不能虎头蛇尾，更不能有头无尾；每件事都做得有始有终，而且善始善终，务必成功。

不少经商做生意的人，巴不得一夜暴富，不懂得薄利多销，日积月累，积少成多。

不少居家过日子的人，不懂得勤俭节约，总喜欢大手大脚，最终导致生活都是有上顿没下顿，潦倒窘迫。

不少谋生计干事业的人，总盼望天上掉馅饼，一鸣惊人、一夜成名，老是像狗熊掰棒子，掰一棒丢一棒，一件事没做完，更没有做好，就放下了又干别的，却不懂得功业起于积微，功名需要寸累。

曾国藩说："不苟不懈，尽就条理"，揭示了事有归着的真谛。

成长就是越来越有自知之明
充分自信砥砺前行

人要大气,就必须刻苦学习、勤奋努力;

人要大气,就必须锲而不舍、坚定不移;

人要大气,就必须远见卓识、博闻强记;

人要大气,就必须藐视强敌、战胜自己。

成长就是越来越有自知之明,知道自己干什么行,什么不行,而且还能充分自信、砥砺前行。

赢得爱人芳心的不是巧语花言,而是脑海里的"气象万千";摧残美丽容颜的不是岁月蹉跎,而是生活中的"逐流随波"!

心存济物 就是要懂得关心"外物"

人的一生要修得第四福相：心存济物。

心存济物，就是要懂得关心"外物"，包括关心他人、关心单位、关心社会、关心天下。

有一颗慈善之心，走到哪儿都容易促成同心；懂得帮助他人，其结果就是在帮助个人！

助人为乐、行善积德的人，即便在金钱物质上不富有，然而他（她）在精神思想上也是大富大贵之人。

有施有舍，不就证明这个人本身就是一个"富矿"的所有者吗？

心存济物，就是"达则兼济天下"，"先天下之忧而忧，后天下之乐而乐"的精神引领者。

一个人心存济物，他（她）的格局就大了。格局有多大，天地就有多大；天地有多大，机遇就有多大；机遇有多大，就有多大的事业……加上他（她）有多敬业，就有多专业；帮助了别人多少，就可能获得多大的回报。

顺境中不妄自尊大
逆境中不妄自菲薄

天气不可能每天都是一片晴朗，总会有阴天下雨；

生活不可能天天都有明媚阳光，总会有"乌烟瘴气"。

我们谁也不是算命先生，不可能预测、也没必要占卜未来未知的前程。但是，我们可以管控自己的心情、保持乐观平和的心态：

顺境中不妄自尊大，保持谦虚谨慎、积极进取；

逆境中不妄自菲薄，能够坚韧不拔、自强不息。

一个人只要拥有一个辽阔而强大的内心世界，什么风险挑战、任何艰难险阻都能迎刃而解。

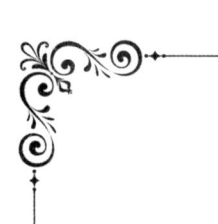

傲慢无礼和多言乱语是人的两大凶德和弱点

人的一生要力戒两大凶德。

咸丰八年，曾国藩给弟弟曾国荃写信说，古来言凶德致败者约两端：曰长傲，曰多言。

他还举例说，丹朱之不肖，曰傲曰嚚讼，即多言也。历观名公巨卿，多以此二端败家丧生。

曾国藩在这里指出了普通人的两大凶德和弱点：傲慢无礼和多言乱语。

年轻时的曾国藩曾经犯过傲慢和多言这两个错误，但他都能在事后认真反省、改正，最终成就了非凡的人格和人生。

所以，曾国藩说的"凶德致败者"，正是他从人生经历中总结出来的警示训诫。

人生就像盖房子
打好基础才有高楼巍峨矗立

人生就好像马拉松，跑得挺快但晃荡不算是本事，跑得矫健而稳当才叫作扎实。

人生就好像盖房子，只有夯基垒台基础结实，才有万丈高楼拔地而起巍峨矗立！

投机取巧，瞒得过去一时，但终究瞒不了一世；好高骛远，想得天花乱坠，但毕竟是想入非非——凭空欢喜、拿嘴吹吹。

一个人骄傲失礼
结果总是在骄傲里毁灭了自己

人的一生要力戒第一凶德：傲，败亡之道。

人一旦有了傲的心态，必然会在某些场合某些方面放松警惕，祸乱、失败也必然接踵而至。

傲是自取灭亡之道，所以古人说骄兵必败、骄公必败。

远在西方的莎士比亚也曾经说过："一个骄傲的人，结果总是在骄傲里毁灭了自己"。

一个高傲的人，必然不能尊重他人、容忍别人，无法处理好人际关系。

王阳明说，"故为子而傲，必不能孝；为弟而傲，必不能弟。"

《三国演义》生动演绎了过于高傲自恋，让武圣关羽败亡丧命的过程。

关羽早在樊城水淹七军，就有些得意忘形了，当关羽听说孙权拜陆逊为将代替吕蒙时，他居然说："孺子陆逊代之，不足为震！"

而富于谋略的陆逊代替吕蒙之后，又是写信又是送礼，极尽阿谀奉承之能事，更是让不可一世的关羽麻痹大意、过于轻敌。

对于别人的话，关羽根本听不进去，每每都感觉自己下的结论才句句在理，是伟大英明、完全正确的，而别人说的都是不对的更是没用的。最终被人伏击俘虏，付出了生命和英名双重代价。

为了生计而工作是职业
出于喜欢而工作是事业

从事一项工作，只是为了生计、维持生活，其实你打心眼里并不喜欢做，"为了生活"，出于无奈，好像强迫，那么这项工作充其量不过就是个职业。

从事一项工作，就是由于喜欢做，愿意全身心投入、甘愿付出一切，并不在意能否给自己带来什么名利收获，那么这项工作最起码来说也是事业。

恶言不出于口
忿言不反于身

人的一生要力戒第二凶德：多言，贻害无穷。

曾国藩的"戒多言"源于一件小事，当时他刚进入翰林院不久，正是春风得意，一次在给父亲过生日时，对前来祝寿的好友郑小珊夸夸其谈，有些忘乎所以，结果引起郑小珊反感，郑拂袖而去。

事后曾国藩后悔万分，他在日记里反思自己有三大错误：一是平常就自以为是；二是嘴上说话没把门的，想到哪儿说到哪儿；三是明明说话得罪了人，还跟人家强辩，甚至到了不近人情的地步。

总结这三点，曾国藩说自己作为一个标准的儒家知识分子，连《礼记》里说的"恶言不出于口，忿言不反于身"的道理都参不透，连语言这一关都过不了，还能成就什么大事呢？

曾国藩一生在"戒多言"上下足了功夫，他不仅经常批评自己"每日言语之失，真是鬼蜮情状！"也经常反问自己"言多谐谑，又不出自心中之诚"，这种言语习惯、个性缺点，"何时能拔此根株？"

他不仅对自己有这个"戒多言"的要求,还把它当成家训智慧中最重要的内容之一,尤其是对他的两个儿子和几个弟弟反复灌输、强调这一点。"戒多言",告诫我们,坦然相见不等于知无不言。那么嘴皮子比脑子跑得快的人,没有不跌入"祸从口出"这个古老陷阱的!

事业和职业最理想的结果是相互吻合

事业和职业选择有三种类别：

第一，最理想的结果，是事业和职业吻合，做喜欢的事儿并以此改善自己的生活。

第二，比较好的结果，是事业和职业分离，自己所从事的工作是喜欢的职业，业余时间还可以做自己喜欢的事业。

第三，最糟糕的结果，是根本就没有自己真正喜欢做的事，任时光流过，人仍在困惑……许多人也在整天奔波，对职业没感觉，干事业不快乐！

更可悲的是，真有机会让自己来选择做什么，他（她）却把笑料流传给了这个世界——离家近些，挣钱多些，环境好些，任务少些，假期长些……到头来，自个儿也不清楚到底想做什么！

追求幸福和规避痛苦
决定性因素是如何选择

人人天生偏好幸福,谁也不喜欢遭受痛苦。

幸福是必要付诸艰苦;如果搞错了目标,不光艰苦的过程饱尝痛苦,还会衍生出不尽的哀伤烦恼。即便搞对了目标,却走错了道路或者犹豫拖延上路,也避免不了招惹痛苦。

追求幸福和规避痛苦,决定性因素是如何选择,只有学会为自己负责,学会塑造自我,学会勤于拼搏,学会勇于担责,才能收获预期的结果,并体验过程中的快乐。

忘记了自己在生活
就意味着丢失了自我的世界

我渴望那么一种境界,天天不知疲倦地工作,天天乐此不疲地生活!

生活和工作或许加上勤学,就像是自然界的新陈代谢,尽管是"日新月异",但平常的感觉总是新少旧多、平淡无奇。

多少人为了生活而工作或为了工作而生活,终日劳累奔波,生活和工作紊乱交错,顾此失彼很不和谐。工作不能劳逸结合,生活不能怡然自得,节奏混乱到了没工夫来快乐,也不知道什么时候去难过……

每个人每一天都在重复日复一日的生活。忘记了自己在生活,就意味着丢失了自我的世界,不论你是如何醒来如何睡去,不论你是怎么做的、怎么说的,都可能遭遇"悲惨世界",难以享有愉快学习、舒心工作和快乐生活!

每个人的经历都值得回忆
只有善于总结才不乏启迪

真正的幸福向来中意理性成熟；

成熟的台阶总是依托回顾总结。

每个人的经历都值得回忆，但善于总结才不乏启迪。

每个人的历练都是些经历，但善于总结才不乏经验。

每个人的过往都趋近理想，但善于总结才不乏思想。

由反思回忆而获得启迪，由提炼经历而获得经验，由追求理想而获得思想……人生储蓄就会增值，积累精神财富，其间必然提升幸福指数！

事业有成未必神经紧绷
轻松愉快才是真金白银

生活积极,并非要踮脚不及、耗尽全力!

工作努力,不一定废寝忘食、拼尽体力!

家业兴隆,不见得殚精竭虑、豁上老命!

事业有成,未必是分秒必争、神经紧绷!

张口梦想、闭口未来的生活方式,昼夜兼程、黑白不分的工作方式,即便是小有成绩,也不能叫科学合理。

有时候放松放松去看场电影,悠哉悠哉养护盆鲜花,认真认真烹饪道好菜,清闲清闲坐看人往人来……

凡是能让自己感觉轻松愉快、充实满足的事情,对于我们而言就是积极而有意义的人生历程。

或许那些被我们误认为是所谓的"虚度光阴",在生命的价值链中,才是真金白银!

苦中乐和苦后乐是幸福感的最高境界

幸福是一种能力,经常表现为"苦与乐"转换的能力。苦与乐不但有量的差别,而且有质的分野。

个人生活中,苦与乐的数量往往和人的阅历,尤其是遭遇成正比;苦与乐的质量,尤其是化苦为乐、乐在其中,则取决于灵魂取欢乐的提纯度。

欢乐与欢乐是不一样的,痛苦与痛苦也是不一样的,其间的区别远远超过欢乐与痛苦之间的差距。

对于沉溺于眼前琐屑享受的人,不足为道真正的欢乐;对于沉溺于眼前琐屑烦恼的人,不足为道真正的痛苦。

痛苦和欢乐是生命力的自我享受与检阅,而苦中乐和苦后乐更是幸福感的最高境界。才是值得珍爱的情感;只有留下来的,才是值得珍惜的情缘。

收获理想成绩
必须付出不懈努力

处心积虑，未必能有机遇；

潜心修炼，未必能长才干；

费心用功，未必能够成功。

长期辛勤付出，未必有预期收获；但是，要收获理想成绩，却必须付出不懈努力。

有了好心态 活得就自在

有了好心态，活得就自在。

知足，才能常乐！知足，等于幸福！

人人追求福禄寿，过程不同各感受。

平安是幸，知足是福，清心是禄，寡欲是寿。

人的胸怀，多欲则窄；人的心眼，寡欲则宽。宁可清贫自乐，不可浊富多忧。受思深处宜先退，得意浓时便可休。势不可使尽，福不可享尽，便宜不可占尽，聪明不可用尽。

滴水穿石，不是力量使然，而是功夫成然。快乐就是看淡尘世的物欲、烦恼，要想常乐，必须知足；鼓了口袋，顶多叫财主；富了脑袋，才能叫财富。

有一种自信叫"我能行"
有一种品格叫"我可以学"

我尊崇一种自信叫"我能行",不仅是我现在行,而且是我什么时候都行,自信到说我行我就行,你说不行都不行。

我尊崇一种品格叫"我可以学",哪怕现在我还不够格,甚至离你要求相差很多,但是"我可以学",学到让你感觉只有我才最适合!

灵魂是感应幸福的"基站"
幸福是来自灵魂的体验

幸福是来自灵魂的深刻体验,快感则来自肉体的直觉感官。

灵魂是感应幸福的"基站",外在的经历只有灵魂的参与,才能冶炼生成幸福感。

内心世界的丰富性、敏感度和活跃指数,决定着一个人感应幸福的能力参数。

丰富,但能超越痛苦,你就是幸福;敏感,但能超越悲观,你就乐观;活跃,但能超越疑惑,你就快乐!

静！不是简单保持静态
而是沉淀灵魂最美状态

内心宁静淡泊，自身不受诱惑；

头脑才学广博，思想少有困惑；

眼界高远开阔，自己不易迷惑。

常凝神而人思远，常镇定而人从容，常体味而人智慧。

静，不是简单的保持静态，而是沉淀灵魂的最美状态，这才是心目中的一道风景线——

"闲登小阁看新晴，野渡草深露华浓，寻蕴清风好时光，方寸之地有灵山。"

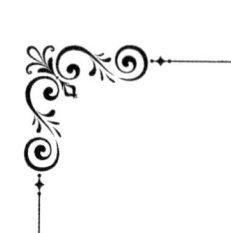

老来疾病 全因壮时折腾
衰时遭罪 都是盛时胡为

忙碌一生,看似在追求幸福与成功,飞逝的时光让我们更加觉醒,人的一生中有比幸福和成功更重要的内容,是凌驾于兴衰成败、悲欢福祸之上的豁达襟胸。

一个人的人品德行,都是日常所思所想、所言所行的"零存整取",有日积月累、积少成多,也是有零有整、化整为零。

老来疾病,全因壮时折腾;衰时遭罪,都是盛时胡为。提升道德品行到更高层次,需要从改变生活习惯开始,需要从日常小事做起,需要从不苟且始终坚持。

人与人之间微小的差异
会在学习和实践中拉大差距

"性相近，习相远"，真正含义是说，人与人之间原本存在微小的差异，但在学习和实践中就会拉大差距：

自己总是在那琢磨，人家一直在真抓实做，他比你成功机会就多；

自己总是在找说辞，人家一直在细化措施，他比你事业成就就大；

自己总是消费花钱，人家一直在理财赚钱，他比你的钱袋子就鼓；

自己总是在那算计一己私利，人家一直在兼顾共赢互利，他比你的人际关系就好。

梦想得以实现带来的快乐
是来自于精神层面上的快乐

幸福原本极其简约。有的人把"福中福"轻慢和拒绝，偏要到"烦恼堆"招惹和寻摸，结果把生活搅拌得越来越浑浊，也越来越不幸、不快乐。

有人说人有两种快乐：

一种是生命意义上的快乐，诸如健康、亲情、与大自然的交融，生命中生存、生理的需要得到满足带来的快乐；

另一种是精神层面上的快乐，包括理性、情感和理想信仰的印证，梦想中逐梦圆梦的目标得以实现带来的快乐。

物欲是物质刺激出来的，不是生命本身带来的，它得到了满足，固然也是一种快乐，但是，它与生命意义上的快乐相比，就太浅薄了；它与精神层面上的快乐相比，又太低俗了。

思维角度 认知态度 眼界广度
决定进步的长度高度和速度

世界上没有人愿意接受一个不行的你,哪怕是你满腹经纶、学富五车、身怀绝技。

一个人只要他(她)嘴上含糊,精神恍惚,就没有人相信你能行;只有他(她)心里笃定自信,由内而外透着"我能行",别人才投放给你机会让你行。

世界上没有一个人是"生而知之",一开始就是无所不知、无所不晓什么都懂的万事通,做起事来得心应手、轻车熟路。

一个人起点的步履蹒跚,并不影响他(她)进步的长度、高度和速度,起决定作用的是他(她)的思维角度、认知态度和眼界广度。

风风雨雨才是常态人生
不言放弃就是信念坚定

欢笑,不在拥有多少,而是不去计较;

幸福,不是没有痛苦,而是懂得知足。

人生不求完美,曲折坎坷也是风光壮美,看开、想通,不以物喜,不以己悲,本身就是优美。

坎坎坷坷才是路,永不停歇迈脚步;风风雨雨才是常态人生,不言放弃就是信念坚定。

因为肩上有责任,所以,说话办事才无怨无悔;

因为心中有向往,所以,披荆斩棘也一直追随!

自信人生竞风流
劈波斩浪立潮头

自信人生竞风流，劈波斩浪立潮头。

幸福人生不是心理上满足于对物质的享用，而是发自于内心深处的自信！

我信自己，那才是自信！他人信我，我也是自信。但是，建立在他信基础上的自信，还不是真正意义的自信！

自信源自对自己的理性认同，是定力的内在提升，是对事物掌控能力的自我肯定。

自信不同于自负，自信是科学的、能动的，自负是盲目的、冲动的。自信不怕别人求证，也无须别人证明；自负最害怕高朋论证，更惧怕别人公明见证！

一个人追求幸福的最高境界
是发自内心的平静淡泊

快乐也有深浅之分。

人在浅层次的快乐中,挥霍着生命,最终拥有的只是短暂的热闹和长久的空虚长叹;

人在深层次的快乐中,完成的是充电,最终拥有的是长久的幸福和永恒的感激怀念。

一个人追求幸福的最高境界,绝不是纵欲享乐,而是发自内心的平静淡泊!

不是生活决定了人生的品位
而是人生品位决定了生活

要习惯其他人的忽冷忽热,也要看淡中意人的渐行渐远。

不是生活决定了人生的品位,而是人生品位决定了生活。

爱是自觉自愿的,也是无偿的,但是要明白,爱不廉价。

人活着,就是人世间最美好的事情,就要格外珍惜太平。

缘分正如一本书,阅读太快会马虎,看得太仔细会痛苦。

有事情可做,就是过得充足;有情义可守,就是有归宿。

珍爱每一个安然的醒来,因为再见到阳光就看到了未来。

我们谁也无法再回到童年,但童心未泯,每一天都灿烂!

人生不易也要把最好的自己留给峥嵘岁月

人只要是活着，就是既有快乐，也有难过。

不管是快乐还是难过，都要拿捏好分寸节奏，掌握好平衡不能偏颇。

一生一世时间并不算多，要尽可能腾出一些时间陪伴自个儿，生活和工作都是操心事儿，都得用心过，实际上没有一个人闲着，都是很累的……

人活着就要把不容易但又是最好的自己留给峥嵘岁月！

人无压力轻飘飘
人的本事是逼出来的

人的志气是逼出来的,不逼自己一生,哪里会有奋斗终生?!

人的本事是逼出来的,不逼自己一回,哪里会有这会那会?!

人的道路是逼出来的,不逼自己一把,哪里会有路在脚下?!

人的一生就是要常常倒逼自己,"人无压力轻飘飘",不倒逼到底,你永远不知道自己有多大潜力,能有多大力气、扛多大的事儿。

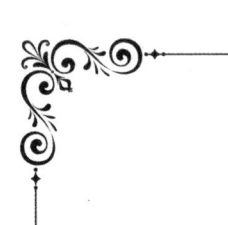

生命越主动 生活越生动

一个人要善于维护好心境，养护好心情。通常反观人生，内心越平静，生命越主动，生活越生动。

一个人心烦，通常是因为化解不了曾经的感伤和已有的抱怨。

一个人心焦，通常是因为排解不了曾经的误会和"孪生"的懊恼……

不把自己的心眼缩小，人生永远开心欢笑；

不把自寻的烦恼深种，人生永远开朗高兴！

即便满眼都已是哀伤，脸上也不要看见风霜。

习惯逼自己向前迈步
人生会越走越有前途

断了后路,必然会找出路;

灭了念想,必然再树理想;

离了拐棍,必然自立行进;

没了靠山,必然埋头苦干;

缺了条件,必然攻坚克难;

少了吹捧,必然头脑冷静。

习惯了逼着自己向前迈步,人生就会越走越有前途!

如果舍不得逼自己,懒惰懈怠就会逐渐把你腐蚀,曾经的凌云壮志,就会跌停止企,生命的意义也会大幅贬值!

痛苦一解除就是幸福
灾难一解脱就是欢乐

既无痛苦,又无欢乐,实际上是生命力的枯竭。

痛苦让人生深刻,但是,如果生活中一味痛苦而没有欢乐,那么深刻就会变成冷漠。

没有欢乐滋润的心灵太过狠硬,让人缺乏爱心和包容。

幸福的对立面是灾难,而不是痛苦;痛苦能交融幸福,但灾难永远走在幸福的反面。

高尚而纯粹的灵魂,既是幸福和欢乐的加工厂,也是痛苦和灾难的埋葬场。

痛苦一解除就是幸福,灾难一解脱就是欢乐!

最好的成长
莫过于锻造的坚强

最好的记忆，莫过于彻底的胜利；

最好的庆祝，莫过于无比的幸福；

最好的启迪，莫过于苦难的洗礼；

最好的成长，莫过于锻造的坚强；

最好的珍惜，莫过于心底的爱意！

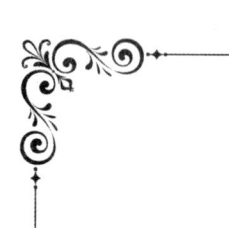

以柔克刚 以笑治恼

人生来都是肉眼凡胎，谁都会有无奈；

人世间历来热热闹闹，谁能没有烦恼？

世上不止喧嚣，谁没吵吵闹闹，只是有的人多，而有的人少。

烦恼，烦恼，越烦越恼，面对萌生的烦恼，千万不要用烦恼面对烦恼！

时时刻刻都要提醒自个儿，对待任何不快乐，一定要选择柔和，以柔克刚、以笑治恼，而不是以怒制怒、恼上加恼。

做到光明磊落才叫真洒脱
做到问心无愧才叫做得对

做人怎么才叫做得对，就是做到问心无愧；
相处怎么才叫不辜负，就是做到让人舒服；
做事怎么才叫做到位，就是做到尽力而为；
为人怎么才叫真洒脱，就是做到光明磊落。
人活着，不论活得好，还是活得赖，都不要变"坏"；
不论是万千气象，还是惨淡败亡，一定要一直善良。

凑合人格失底线
凑合人性打折扣

人生路要往前瞅，不往回走，不能凑合，不要将就。

人可以有霉运，但不可有霉相。

教育家张伯苓说："越是倒霉，越要面净发理、衣整鞋洁，让人一看就有清新、明爽、舒服的感觉，霉运很快就可以好转。"他还编了一句顺口溜："勤梳头勤洗脸，就是倒霉也不显。"

人生就怕凑合、怕将就，一凑合一将就，标准低了，心气没了，颓废潦倒了，便霉运迭至。

凑合人格失底线，凑合人情掺假意，凑合人性打折扣。一味凑合下去，"迷迷瞪瞪上山，稀里糊涂过河"，凑合就成了窝囊、消沉、颓废、倒霉的代名词。

每一次非凡历练都是一次锻造
每一次攻坚克难都是一次大考

人人都经历扬弃取舍，月月都重现月圆月缺。

生老病死是自然规律，高低贵贱谁能抗拒？！

爱恨情仇是独特感受，悲喜交加谁没有过？！

人生收获就在舍和得，去留取舍怎不纠结？！

每一次非凡历练都是一次锻造；

每一次攻坚克难都是一次大考；

每一次郑重抉择都是一次割舍；

每一次告别既往都是一次瞭望……

困不失志 顺不张狂

　　人生既得活出样儿来，又得活出味儿来。不论有模有样儿，还是有滋有味儿，这一辈子都不能将就凑合着过。

　　不凑合，不是奢望无度，不是欲望无边，而是一种人生整洁，诚心诚意、中规中矩对待每个人、每件事、每一天，不心血来潮而半截五寸，不苟且偷安而随波逐流，总是追求有情有义、有声有色。

　　饱尝艰辛，却心态平和豁达；

　　家境贫寒，却能够知书达理；

　　简单枯燥，却乐享劳作过程。

　　想什么、干什么，总是有条有理，困不失志、顺不张狂，临财勿苟得、临难勿苟免，总有一种筋骨，总在一直自勉。

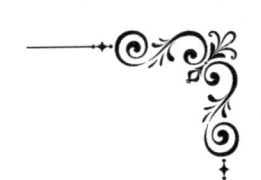

理性分析不偏激
全面客观不武断

人生总在得失间,得之不简单,失去一瞬间,多么感念,怎么遗憾,都别看片面、走极端。

经历的事件,尽管可能桩桩件件难以预料,也可能场场结局不如人愿,但是——

只要想开看淡,想开做到了理性分析不偏激,看淡做到了全面客观不武断,人生画卷就是原生态、大自然、真灿烂、更耀眼!

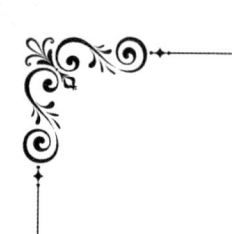

追求想要的幸福
就要全心全意付出

追求想要的幸福，就要全心全意付出；
追求想要的爱恋，就要倾情倾力奉献；
追求想要的感情，就要无怨无悔牺牲；
追求想要的生活，就要坚定坚决割舍。

第八卷

自信改变人生

ZIXIN GAIBIAN RENSHENG

人生思绪 RENSHENG SIXU

漫漫人生路
堂堂正正走

千里有缘人相识，彼此有情人相知。

缘分可遇不可求，今生携手不将就。

简单平淡过一生，不图天上掉馅饼！

不妄想突如其来的好运降临自己的头上，珍惜眼前时光做好自己的模样。

漫漫人生路，堂堂正正走；

一生在追求，从来不强求；

人往高处走，不能低将就。

不凑合 是一种韧性

不凑合，是一种郑重、一种认真、一种韧性。

"一纸金钱，是一纸契约；一纸金钱，是一纸信用；一纸金钱，是一纸信心；一纸金钱，是一纸道德。"

金钱金贵，一分一厘是不容凑合的。稍一凑合，一纸金钱，就可能是"一堆罪恶"。

黄炎培在写给儿子的座右铭里说："理必求真，事必求是；言必守信，行必踏实。"言外之意是不凑合。

词作家阎肃有"四不"人生感悟："不忽悠、不糊弄、不折腾、不凑合。"年逾八旬自称"80后"，仍保持着童心童趣，所以才出精品力作，才经久不衰，才宝刀不老。

太阳总是新的
每天都充满希望

每一个日出都壮阔,带来的是希望的生活;

每一个日出都壮丽,带来的是清新的空气;

每一个日出都壮观,带来的是心胸的舒展;

每一个日出都壮美,带来的是幸福的恩惠。

太阳总是新的,每天都充满希望。

一个人阳光向上,即便没人喝彩鼓掌,每一天也要优雅地谢幕,感谢自己的又一次隆重登场。

物尽其用 人尽其享

　　勤俭持家不是凑合,那是依据量入为出打理得井井有条,物尽其用,人尽其享,是精打细算;

　　化繁为简不是凑合,而是去粗取精、去伪存真的制作功夫,是精纯老到;

　　夹起尾巴做人不是凑合,而是谦虚谨慎、不去张扬,淡定不标榜;

　　宽以容人不是凑合,而是胸襟大度、宽大为怀的大仁大义和包容雅量;

　　忍辱负重不是凑合,而是沉潜自强、坚韧不拔的卧薪尝胆和韬光养晦。

遵循利弊取舍法则
该离开的就要告别

一个人接纳你、走近你、选择你，还是拒绝你、远离你、放弃你，必有其理，必有其情，并非突然间做出的决定。

人心是慢慢变冷的，天气是慢慢变凉的，树叶是慢慢变黄的……

人在生命旅程，每个人出演的场次和档期都是有限条件下的规定，该离场的时候，不可再强留。不论为了谁，为了什么，不管多么的不舍得，也得遵循利弊取舍法则，该离开的就要告别。

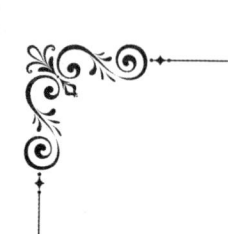

一年一岁一枯荣
岁岁枯荣岁岁荣

大自然从不凑合,四季轮回才分明,节气该到准时到,农时误差只分毫!

草木知秋不凑合,一草一木不失信,一年一岁一枯荣,岁岁枯荣岁岁荣。

农民兄弟不凑合,"人误地一时,地误人一年",年年侍弄地垄沟,精耕细作忙到头,春耕播出盼到秋,不负辛劳迎丰收。

距离产生"美" 分寸保鲜"亲"

距离产生"美",分寸保鲜"亲"!

用距离来节制爱,才是最恰当的"爱";

用距离来管控情,才有正当的"情"。

"刺猬理论"告诉我们:相濡以沫,也别过近、挨着;相辱以过,更别靠近、赖着!

"非爱行为"理论告诉我们:以"爱"的名义对"最亲近的人"进行的非爱性操控和剥夺,其结果也是在彼此间埋下仇视性情结和恶果。

人生路程常遇这般情景:彼此靠近,亲上加亲;彼此过近,反积怨恨!

情真意切人人有
顺其自然不强求

拥有时紧抓,没有时放下;来者得珍惜,去者要忘记。

功名利禄不强求,有则兴高采烈,无则知足常乐。

相守呵护不强求,深则长久携手,浅则片刻别留!

一切随缘,顺其自然;风水轮流转,运气都均沾;生命很短暂,活好每一天!

珍爱身边有情人,忘掉内外难过事;该来的总会来,"椰风都挡不住";要走的注定走,"上帝也难挽留"!

情真意切人人有,顺其自然不强求!

每一天都要改造自我
向往更加美好的生活

当前看得见失望的苦,不算苦;未来看不到希望的苦,才是苦。

每一天都要改造自我,向往更加美好的生活;

每一天都要改变现状,坚定更加明确的方向;

每一天都要改善条件,走进更加理想的彼岸。

人生没有回头路,生命都是一直往前走;

人生不能走错路,景色再好别迷失自我;

人生最美是心路,向上向善就是风景线!

沉溺回忆 过不好现在
只盯遗憾 看不清未来

　　人生大多有两苦，一是苦于求之不得，想得得不到，二是痛失既有，想留留不住。

　　生活中错过的人和事，教会了我们懂得权衡利弊，懂得用心珍惜。

　　每个人不一定要忘掉过去，但一定要放下过往，尤其是忘却过结。

　　"沉溺在回忆中的人过不好现在，只盯着遗憾的人则看不清未来"。

　　"长记海棠开后，酒阑歌罢玉尊空，静看倒影映湖面，群峰连绵四时翠！"

只要倾心做一件事情
心中的愿景才会对你情有独钟

与其费工夫疲于应付今后生活中的痛苦，不如花时间造就你今天想要的生活中的幸福。

不论人在什么环境，身在任何时空，只要倾心做一件事情，心中的愿景才会对你情有独钟，获得感、幸福感、安全感才能与你如影随形！

在这个变幻无穷、激烈竞争的社会，其实，每一个人活着都很累，现在不累，以后也会累，而且就会更累。

"一曲溪行桃花源，潺潺流水沁心田，心中若有桃花景，何处不是水云间？"

每一个现在都是最好的安排

我们说过什么话,做过什么事,走过什么路,遇过什么人……

每一个过去,都值得以后深情回忆;

每一个现在,都肯定是最好的安排。

无须留恋那些昨天,不必奢望更多明天,只求过好每个今天!

人人有念想,不见得个个有念力。说该说的话,做该做的事,走该走的路,见该见的人。

说话,真心实意,不虚情假意;做事,脚踏实地,不弄虚作假;见人,一切随缘,不一厢情愿;走路,对正目标,不要走瞎道!

放下"过不去" 人生才能顺心如意

时过境迁里很多东西都不属于自己,属于自己的只不过是一种经历,一种取舍轮替、得失交织和喜忧参半的记忆。

一个人的明智之举是合理设置预期,懂得怎么控制自己的心思,知道如何适时适当地放弃。

真正懂得什么叫作放下"过不去",节制欲望,拒绝贪婪妄想的人,他(她)的人生才能顺心如意,温馨甜蜜。

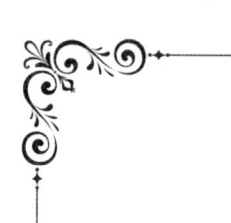

人的一生都正向成长
因为谁也强大不到极点

人的一生都正向成长,因为谁也强大不到极点;

人的一生都走向成熟,因为谁也智慧不到极顶;

人的一生都奔向成功,因为谁也成就不到极限!

当你不需要依靠仰仗着谁,就能做得很好,这叫成长了;

当你不悲喜于亲近远疏谁,只顾超越自己,这叫成熟了;

当你不在乎胜败荣辱于谁,总是从容淡定,这叫成功了。

父亲不说万语千言
深情却是万水千山

父亲不说万语千言,深情却是万水千山!

父亲没有无穷力量,支撑却是坚强臂膀!

父亲无时不想我们,我们却常忽略父亲!

父亲总忘儿已长大,儿却不想父已老了!

父亲重负都自己扛,儿女却为他少担当!

父母为孩子付出着,孩子却欠他们太多!

今逢父亲节,追忆他许多,心里想念着,膝前有几何?

岁月在蹉跎,遗憾成自责,逢人便告诫,尽孝不容拖!

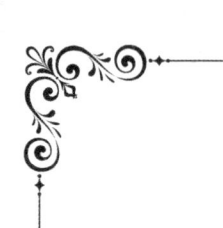

什么精神状态
决定了什么气氛姿态和发展势态

"装扮狼的时候,你就把自己当作狼;装扮虎的时候,你就把自己当作虎"。这等于说,什么精神状态,决定了什么气氛姿态和发展势态!

一头狮子率领一群羊,能打败一头羊带领的一群狮子!这等于说,"兵熊熊一个,将熊熊一窝"!也可以说"强将手下无弱兵"!

战斗力是由将士共同决定的,然而,有战斗力的团队胜利不胜利往往是由将帅决定的!

扬长避短 扬长补短
一往无前 一生追赶

成长,不因出身幽寒而甘愿自我作践、跪败人前;

成熟,不因学识肤浅而甘愿自轻自贱、目光短浅;

成功,不因缺失条件而甘愿放弃实践、不抱夙愿!

任何人都有优长,也有短板。只要扬长避短、扬长补短,一往无前、一生追赶,总有一天,你会一马当先!

成熟的善良和善良的成熟
是既有温度又有高度和厚度

成熟的善良和善良的成熟，是既有温度又有高度和厚度！

一个人的一举一动一行一言，都有特定的内涵和外延。

人生苦短，你看不惯的事千千万、千奇百怪；

人生百态，看不惯你的人万万千、见怪不怪。

看清了一个人的破绽而不揭穿，就晓得了海涵世界的深浅；

讨厌着一个人的嘴脸而不翻脸，就晓得了包容境界的高远。

能忍受别人忍受不了的苦难
就能得到别人得不到的甘甜

人最可怕的是，该听的意见建议没听进去，不该听的意见建议却影响了自己。

比如面对苦难，越是想选择当下即期逃避它，越是不得不在未来长期付出更大代价应对它。

如果一个人能包容别人包容不了的事情，那么，这个人就一定具有别人具有不了的心胸；

如果一个人能忍受别人忍受不了的苦难，那么，这个人就一定能得到别人得不到的甘甜！

坦然接受自己不能改变的
必然努力改变自己能够改变的

人在成长历程中更加成熟的标志就是坦然接受自己不能改变的，必然努力改变自己能够改变的。

行动起来，给自己设定量力而行的计划；尽力而为，去按时保质完成既定计划。

每一个人都有比较优势，但是飞黄腾达的人，往往居高临下看人生，看到的并不是全景；越是穷困潦倒的人，越是用底线思维从底下看人生，看到的景象更全面，更真实，更生动。

不论从哪个视角看人生，如果不去行动，懂得再多的道理，知道再多的事情，都创造不出来多彩人生。

人生如茶 茶鉴人生

人生如茶,茶鉴人生!

人生状态恰如茶姿两态,沉下去和浮起来;

人生姿势正像饮茶人两种姿势,放得下和拿得起。

茶,沉时总是坦然从容,浮时也是悠然淡定;

人,日常生活好比品茶,要拿得起也放得下。

一个人自我实现的能力取决于自制力

　　一个人自我实现的能力,往往既不取决于体力、精力和智力,也不取决于学习力、思想力和创造力,而取决于自制力。

　　有了自制力,就有了原动力,就等于拿到了开启成功大门的钥匙;

　　有了自制力,就有了执行力,就等于积攒了获取成功必备的资质!

　　一个人有了自制力,就有了艰苦奋斗人生的绚丽多姿和无限魅力。

诚实守信 是每一个人安身立命的基本遵循

地有三宝——水火风。

水有水的力度,该浇时就浇;

火有火的热度,该着时就着;

风有风的速度,该刮时就刮!

"水火风"在人的脑海中的形象,就是诚信印象!

人生舞台和社会职场上,诚实守信对内塑形象、外界交往更有力量!

诚实守信,是每一个人安身立命的基本遵循,也是建功立业的基本准则;

诚实守信,是中华民族的优良传统,也是社会主义道德建设的重点内容;

诚实守信强调人要诚实劳动、信守承诺、诚恳待人;要求个人说话办事要实事求是、言行一致、务实求真。

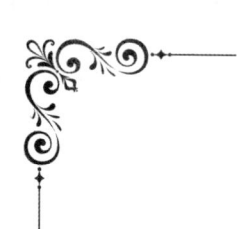

自制力就像一个哲人智者
给你讲授人生的心得

自制力就像一位严父良师，给你传授渊博的知识；

自制力就像一个哲人智者，给你讲授人生的心得；

自制力就像一类益友盟主，给你提供最大的帮助；

自制力就像一场绵绵春雨，让你感受滋润的欢愉；

自制力就像一轮炎炎夏日，让你感受激情的烤炽；

自制力就像一股强劲秋风，让你感受透心的爽清；

自制力就像一阵漫天冬雪，让你感受冰清的美洁。

人生有贡献 就有价值

幸福不是等出来的，幸福都是奋斗出来的；

人的价值不是寻思出来的，人的价值都是实干出来的；

人生的意义不是想出来的，人生的意义是活出来的。

一个人怎样面对自己的生活与世界，如何经营和改变这种生活与这个世界，要么实现自我不朽，要么参与实现不朽事业，都会为社会留下点什么。

"继之者善也，成之者性也。"活着的时候，配得上这个天地生生之德；去世的时候，成为新生命的创生条件。人生有贡献，就有价值，也就有意义！

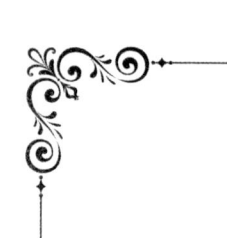

自律能够带给人发自内心的平静和享受

人要严格自律,也要习惯他律,但不要指望他律;

人要善于自制,也要接受管制,但不要被人控制。

自律自制初期是欣然从命的,中期是痛苦难耐的,后期是心悦诚服的。

有的人在自律自制的中期——痛苦期徘徊滞留太久,以至于把痛苦归罪于自律自制。

一个人自律自制到极致,就会和哲人感同身受:自律能够带给人发自内心的平静和享受。

自身的修养在一天天地改善,自己的生活在一天天地改变,源于自律自制已经变成了一种融入血液、深入骨髓的习惯。

人与人之间来往像夏日骄阳
明艳而不滚烫 火热而不灼伤

夏风吹拂的每个花朵都有好归宿；

夏夜摇曳的每片树叶都更加润泽。

盛夏时光多带一些温润，天地人间就会增加许多温馨。喜欢夏日的暖和，向往静好的岁月，总有老友的祈望，聚散离合皆无恙。

人与人之间来往，要像这夏日骄阳，真明艳而不滚烫，太火热而不灼伤！

性格决定命运
细节决定成败

性格决定命运，正如细节决定成败。

心态性情大于聪明悟性，好记性不如好心情，情商远比智商更有力量。

天资聪颖不如科学理性，智力过人不如眼力过人，应变力不凡不如自制力、忍耐力和定力不一般。

人生渴望艳丽多娇
但谁的人生也不会总是艳阳高照

人生渴望艳丽多娇,但谁的人生也不会总是艳阳高照;人生渴望喜降甘霖,但谁也不愿意阴雨绵绵下个不停。自然界的一天中,既然有旭日东升,也就有日落西山。一个人的一天中,有光明白天,也有漆黑夜晚。只是人的黑白天不同于太阳日出日落那么定时定点。

把超越自己作为新的起点
人生必然沿着高贵的路线一往直前

  一个人内心生活得严肃,生活中衣食住行用就都朴素。

  痛心疾首地悔恨谬误、失误和错误,而且坚决杜绝重蹈覆辙,这才是真正的悔悟、觉悟和彻悟。

  高于、强于和优于别人,却从不散漫、怠慢和傲慢,而是把超越自己作为新的起点,这样的人生必然沿着高贵的路线一往直前。

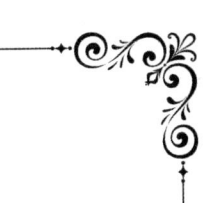

内心时时刻刻敞亮
人生才时时处处充满阳光

有的人一辈子都活在明媚的阳光下，也有的人不得不一直活在漆黑的夜幕下。

一个人最可怕的就是——

原本一直光顾自己的太阳落下了却不再升起；

原本照在自己身上的光芒闪过了就永远消失。

内心时时刻刻敞亮，人生才时时处处充满阳光！

惟有为人诚信
才能让人信任

心诚则灵,精诚到执着、透彻,铁石心肠也会打开心锁。

真诚能够沟通人们闭锁的心灵,就像是一把万能的钥匙,把隔绝与陌生变成融通与亲密。

惟有为人诚信,才能让人信任。

一个人脚踩大地头顶蓝天,必须树立"言而有信,无信不立"的观念,自觉养成诚实守信的良好习惯。

诚信无价!只要你始终信奉它、遵循它,你的互信世界就能做大,你的挚爱亲朋就有可能遍布天下!

一生之中能有多少收益
关键在于能抓住多少机遇

生命诚可贵，爱情价更高。生活多美好，幸福靠创造！

一生之中能有多少收益，关键在于能抓住多少机遇；而机遇的选择权始终掌握在自己手里，人生并不存在迫不得已。

不必用别人的标准来框定自己的人生。如果做人做事总想让所有的人都满意，最终只会迷失自己。

一个人不可能让所有的人众口一词、公众公认，因为每个人都智者见智、仁者见仁。

企图让所有的人都喜欢自己，是天真幼稚的，也是徒劳无益的，甚至是对不起自己的。

每个人都是自己命运的建筑师

"每个人都是自己命运的建筑师。"每个人都是自己命运的设计者、施工者、实现者!

每日反省自身,就能自我更新;

每次控制自己,就是自爱自尊。

古今中外的志士仁人,无不得益于自控自省,他们紧握人生航船的舵轮,随时扬起人生航程的风帆,始终朝向人生的巅峰前进。

一个人要是失去自我反省的能力,注定了将会一事无成,已有成绩和小有名气也会前功尽弃。

走过曲折跨越坎坷
绘就最绚丽壮阔的人生风景

人生历程从来就不是涅瓦大街,有的是曲曲折折、道道坎坷;

生命之中从来就没有经典高雅,有的是艰苦挣扎、弥漫风沙。

走过的曲折,跨越的坎坷,绘就的人生风景最绚丽、最壮阔;

经历的往事,亲历的故事,汇总的人生风貌最具体、最惬意;

度过的岁月,曾经的生活,会合的人生风格最自我、最洒脱。

回眸岁月的风景,回忆时光的憧憬,回顾奋斗的征程,回味情感的交融……怀着如沐春风的心情,续写风雨兼程、风景这般独好的人生。

把内心世界修炼成什么境界
就会拥有什么样的人生风景

宿命论者人人苟同传承——人的命天注定！

人生在世就是一种无休无止的道场修行；

内心世界就是一生信仰信念的灵魂图腾。

一个人把内心世界修炼成什么境界，就会拥有什么样的人生景色！

别总说命运在老天手中，一切皆由天定，什么都没所谓，也不论何去何从和来影去踪。

每一个人一出生，老天就把一半的命运交给了你手中，老天只负责安排你的启程，你自己却要负责你的全程！这就相当于分给你一个容器，里面装什么由你自己决定！

素心做人 是一种纯真

素心做人，是一种纯真；宁静修身，是崇高精神。

不为挖空心思追名逐利尔虞我诈、勾心斗角；

不必刻意躲避功名利禄一尘不染、自命清高。

以成熟、理性的心态处事；

以豁达、洒脱的心智做事；

以亲和、友善的心地做人；

以包容、理解的心胸处人。

"法立奸胥畏，官清凭素心。"

谦受益 诚也受益

谦受益,诚也受益!

北宋词人晏殊素以诚实著称,并有佳话传颂。

晏殊考试时诚实受赏赐。宋真宗因为晏殊"聪明过人""孩中神童"召见了他,并要他与一千多名进士同时参加考试。晏殊发现考试是自己十天前刚练习过的,就如实向宋真宗报告,并请求改换其他题目。宋真宗非常赞赏晏殊的诚实品质,便赐给他"同进士出身"。

晏殊当职时诚实得恩赐。那时天下太平,京城大小官员也是歌舞升平,常有游宴赴请。晏殊家贫,无钱出去吃喝玩乐,只好在家里和兄弟们读书写作。一天,宋真宗提升晏殊为辅佐太子读书的东宫官。大臣们很是惊讶,弄不明白真宗皇帝的决定。宋真宗说:"近来群臣经常游玩饮宴,只有晏殊闭门读书,如此自重谨慎,正是东宫官合适的人选。"晏殊谢恩后说:"我其实也是个喜欢游玩饮宴的人,只是家贫而已。若我有钱,也早就参与宴游了。"

两件事例,让晏殊在群臣面前树起了信誉,也获得了宋真宗的信任。

一步一趋都在前行
一生一世都要追梦

人生露宿风餐，一程一驿站，每走一段路就有不同的遇见。

生命之旅有同路人、逆行者，有赶路人、并跑者，有掉队人、超越者，每一程的相遇是邂逅还是同行抑或重逢，在下一个十字路口都是未知的场景。

一步一趋都是前行，一草一木都是生命，一春一秋都是风景……

一天一夜都是重生，一生一世都是追梦！

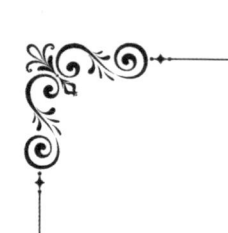

忍一忍 就会时过境迁
让一让 总能避免顶撞

退一步,便是海阔天空;不开心,要三思而后行。忍一忍,就会时过境迁;让一让,总能避免顶撞!

要把忍让耐心当作一种爱好,"小不忍则乱大谋"。

要把自律从严当作一种习惯,人格智慧更加完美。

要把控制情绪当作一种品德,潇洒但不可以乱洒。

颓废懒惰绝非自由加洒脱,只不过是为自己开脱。

始终保持着超常的自制力,才能一直活出个好样子。

生活是一场跋涉
不畏艰难才能舒心快乐

人生,是一场话剧,有说,有笑,有哭有闹;

人生,是一场游戏,好过,恼过,也别扭过。

生活,是一场跋涉,走路难,做事难,做人更难。

人生,经常是为了生活舒心快乐,才招惹了不开心不快乐;

人生,经常是为了求得满足幸福,才招惹了不知足挺痛苦。

最惨痛的教训
就是不吸取自己的教训

人类最惨痛的教训，就是不吸取自己的教训；

人生最惨烈的失败，就是跌倒了不再爬起来！

一个志在卓越的人，必须首先做个有节制的人，始终明白自己在做什么，为了什么；

一个万事求成的人，必定面对什么都畏畏缩缩，到头来什么事也做不成更做不精。

自由不等于任性，无知者最不自由，因为，没有知识智慧的光芒，注定要在一个黑暗的世界莽撞。

高山追求直耸蓝天的巍峨
我们追求无愧人生的梦想

时光荏苒,峥嵘岁月,人生短暂,奋斗无憾,最终铸就的是无悔人生。

春华秋实,沧桑岁月,人生平凡,奋勇登攀,回顾总结的是无悔选择!

高山追求直耸蓝天的巍峨;

流水追求生生不息的奔腾;

青松追求坚韧不屈的挺拔;

我们追求无愧人生的梦想。

海纳百川 有容乃大

"海纳百川,有容乃大"是宽以待人的典范;

"得饶人处且饶人"是宽以待人的标杆底线;

"相逢一笑泯恩仇"是宽以待人的开明拓展。

宽以待人是对他人的理解海涵,是自动放弃前嫌的宽容表现,是一种放得下恩恩怨怨的大度不凡和与人为善;

宽以待己则是一种豁达乐观,是对自己更为深刻、更为自觉的审视检验,是发自心底的制怒收敛和自励自勉。

承受得越多
越能抗压承重

不要埋怨生活中的每一次负重，承受得越多，越能抗压承重，才可能在命运面前举重若轻，负重远行。

不要抱怨生命中的每一个当天，美好的日子带来幸福快乐，倒霉的日子带来经验总结，最糟糕的日子带来的教训更加深刻……

只要三观正确，认认真真去生活，每一天过的都值得，每一个经过都有收获！

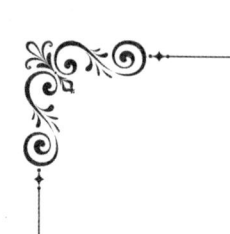

宽以待人是人生的率真和自然

面对成功者,要宽以待己,这起码是善于自我平息妒嫉;

面对胜利者,要宽以待己,因为既有英雄,还要有观众;

面对使坏者,要宽以待人,因为他(她)磨砺了我们心态;

面对诋毁者,要宽以待人,因为他(她)强化了我们自觉;

面对欺骗者,要宽以待人,因为他(她)警示了我们防范。

宽以待人是人生的率真、自信和自然;宽以待人是人生的充实、大气和自勉。

喜欢的事情要带着一颗热心
义无反顾地为它奋斗终生

永远不要悔恨自己曾经对别人的关心；

永远不要抱怨自己过去对他人的奉献！

感恩着社会，就要怀着一颗忠心，殚精竭虑地为公众忘我工作；

热爱一个人，就要捧着一颗忠心，心甘情愿地为他（她）牺牲终身；

喜欢的事情，就要带着一颗热心，义无反顾地为它奋斗终生。

包容并蓄就像温润的春雨
让人间充满暖意

包容雅量就像浩瀚的海洋；

包容海涵就像辽阔的蓝天；

包容大度就像丰腴的沃土。

包容兼容就像温暖的春风，给周围带来太平，让别人其乐融融；

包容并蓄就像温润的春雨，让人间充满暖意，给大地带来生机。

只要一心向好
岁月自然给你一份美好

老天最公平,你越是不懈努力,他越是给你机遇;

岁月最公道,你对她做了什么,她就会给你什么;

人心最公正,你对她真心实意,她就会真心实意。

只要一心向好,岁月自然给你一份美好;

只要一心向善,雨中必然有人为你撑伞;

只要一直对人有温度,寒冷中自来呵护。

有理不在声高
讲理未必话密

"有理不在声高",讲理未必话密。

如果想用言语压人,即使胜了,也不会让人"心服口服";

如果想以盛气凌人,即使赢了,也不会让人"心悦诚服"!

为人处世,要想人际关系好,谦逊低调很重要。

激烈争辩往往没有是非可言,结果常常会意气用事让彼此厌烦。

一个人牢骚太多,结局必然抑塞败落——

无故而怨天,天必不许;无故而尤人,人必不服。

抑郁不平之气,时常伤人害己。

人在履行职责中得到幸福

人生是一场独自修行,每个人都渴望他人善行,更多的人欢迎社会给予。

热衷慈善之举与接受仁慈亲善"礼遇",是对因果关系,而且观其一生成正比。

善待他人,也会得到他人善待,实际上是善待了自己。行善向来不图回报,图报不是善良的动机。

罗佐夫说:"人在履行职责中得到幸福。就像一个人驮着东西,可心头很舒畅。人要是没有它,不尽什么职责,就等于驾驶空车一样,也就是说,白白浪费。"

纯洁的心灵一直光明
和谐的世界总是回应

  身在一个复杂的世界，总能看到人性的光泽；

  身在一个苟且的世界，仍能坚守高尚的品格；

  身在一个混乱的世界，还能保持心灵的清澈；

  身在一个是非的世界，定能呵护纯粹的高洁！

  因为一颗纯洁的心灵一直光明，所以一个和谐的世界总是回应光明。

  因为自己一向秉持待人和气和善态度，所以任何一个善良的人群都能和蔼和睦共处！

人生每步走得实在
每一天都活得自在

人生日益向好，谁怕年龄变老。

人生不断升华，谁怕年岁变大。

人生日趋成熟，谁怕增加岁数。

人生每一步必须走得实在，每一天都要活得自在。

心情要越走越知足，心胸要越来越大度，心境要越看越丰富。

人生不计较 一切都安好

人生不计较，一切都安好！

不要与君子计较，他会以德相报；

不要与小人计较，他会拿你无招。

狗咬吕洞宾，不识好人心；宁可得罪君子，不去得罪小人。

将自心比人心，拿真诚换真诚。

别人对你真诚，是因为你对别人真诚，彼此也懂得对方真诚！

眼宽容景 心宽容人

眼宽容景，心宽容人。

目中有人，脚下才有路；

心中有爱，处世才有度。

一个人包容，必有一颗亲善之心；

一个人高雅，必有一颗敬重之心；

一个人礼让，必有一颗宽宏之心。

学会与人为善，就会优化生活环境；

学会善待自己，就会收获幸福人生。

抵制诱惑控制欲望
充满阳光向善向上

越博学，越爱学；

越发奋，越勤奋；

越励志，越努力；

越自信，越自醒；

越自强，越自律；

越卓越，越超越。

世上从来没有什么好命天承，与其羡慕别人的成功，不如让自己学会扼制惰性，抵制诱惑，控制欲望，始终充满阳光，一直向善向上。

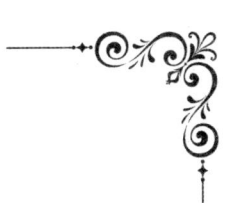

山各有各的高度
人各有各的长处

山各有各的高度,

人各有各的长处。

风各有各的自由,

云各有各的温柔。

认为是快乐,就要去寻求;

认为是值得,就要去守候;

认为是追求,就要去拥有;

认为是幸福,就要去奋斗。

随遇而安,顺其自然,不留遗憾;

依心而行,清醒理性,无悔今生。

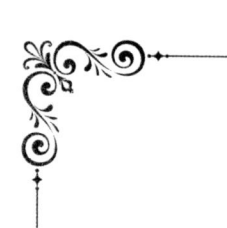

勤奋不是天生带来
而是后天养成

天分＋勤奋≥超群！

勤奋不是天生带来的，而是后天养成的。

成功卓越固然关联因果，不论因素多少，勤奋都是首要的！

勤奋不是为了引人注目，而在于把成长进步落到实处。

得失守恒也恰恰是一条铁律契约——

得到不该得到的，就会失去不该失去的；

忍受别人不能忍受的，才能享受别人不能享受的。

眼里的世界
都是内心的"选择"

我们眼里的世界,都是内心的"选择";

每个人的"选择",往往都不易被察觉。

一个人内心充斥情绪,就会带上强烈的个人偏好去强化心理暗示;

一个人内心存在质疑,就会拿着疑邻盗斧的思维方式去佐参证实。

墨菲定律告诉我们:怕什么,就要来什么;

坚信定律告诉我们:信什么,就能成什么;

马太效应告诉我们:越是什么人,就越会吸引什么人;越是吸引什么人,就越是什么人!

怎么支配时间
决定了一个人一生的生活质量

怎么花费时间，决定了一个人一生的价值分量；

怎么支配时间，决定了一个人一生的生活质量！

一生里必须终生学习，年轻人更不要选择安逸。

今天的世界，竞争激烈，不努力学习提升自己，会败得惨不忍睹；

今天的世界，物质富足，只是贪图安逸舒服，必定是要人生苦渡。

决定人有怎样视野 看到什么景色
不是眼睛而是人的眼界

  决定人有怎样视野,决定人能看到什么景色,绝不是人的眼睛,而是人的眼界!

  目不视人短,耳不闻人非,口不言人过,就会让我们在新旧交替的岁月和新陈代谢的世界,变得更加慈善温和。

  不懂得,就必须做到少说为佳;

  不较劲,才是最大的随和融洽。

世上最珍贵的东西不是聪慧而是勤快

有些人一生遭遇的失败接二连三，就是因为陷入了溃败的怪圈——

今天不去好好工作，明天就得好好找工作；

现在不肯受累吃苦，将来就得遭罪又受苦。

一个人不努力学习，也不下苦功复习，还总想取得好成绩，注定了就得掉队打狼，与优异拉开距离；

整天游手好闲、藏奸偷懒儿，既不会经营，又不肯干，还总想着发财赚钱，注定了就得轮为穷光蛋……

世上最珍贵的东西不是聪慧，而是勤快。

许多人羡慕嫉妒恨别人梦想成真，殊不知人家圆梦的根本原因，正是日复一日重复着被你看似愚蠢至极的勤奋。

眼界的提升
是一个循序渐进逐步积累的过程

　　一生立志把自己锻造成为最终的产品，是一块具有强大吸引力的磁铁，就不必担心忧虑：稀缺资源和贵重人脉会不会向自己聚合。

　　做人，要仰望星空，有宽广视野、崇高境界；

　　做事，要脚踏实地，去笃行尽力、精雕细琢。

　　眼界的提升，是一个循序渐进逐步积累的过程；

　　格局的拓展，也没有人能够一步登天、一气呵成！

生性懦柔
容易被他人情绪所左右

人活得很累,并非生活把你得罪;

人活得落魄,不是生活过于刻薄。

人生存艰难,并非生活缺乏条件;

人生活畏难,不是环境与你为难。

人阅历肤浅,就容易被外面世界所感染;

人生性懦柔,就容易被他人情绪所左右。

朋友应重质
生命亦如此

朋友不在于数量的多少，而在于人品正否、水准高低和情谊厚薄。

生命不仅看重运行的长度，更关注其幸福指数、旅程风景和存活味道。

不要在攀龙附凤结识名流巨星上浪费时间资源，做那些虚荣做作的无用功，要把更多的光阴投资到提升自身的修行，苦练内功永不放松。

你的追求 你的渴望
都将变成你的动力

一个人永远追求上进，他（她）就有了一颗进取心，也就拥有了一种积极向上的心态，必定会更加坚定信心，懂得拼搏奋进。

一个人因为一直渴望进步，他（她）就会更加自觉审视查摆自身的不足，也就会更加严格地检视查找存在的短板并将其弥补。

一个人始终对自己懂得严格要求，他（她）对自己在公开场合和一人独处的时候自然有高标准、严要求，也就会用一种认真严肃的态度对待人生道路。

一个人对待自己的事情，一般不会懈怠放松，他（她）会稳扎稳打、步步为营，坚韧不拔走完全程，他（她）也会让自己向着人生目标一步一个脚印不断前行。

成功的人看目标 克服困难
不成功的人看条件 屈服困难

成功的人看目标，克服困难；

不成功的人看条件，屈服困难。

成功的人正视问题，千方百计解决矛盾问题；

退缩的人满眼难题，想方设法解释自己问题。

要奋斗就要勇于牺牲；

要成功就要付出艰辛；

要收益就要抵御风险。

得到的收益越大，遇到的障碍就越大，碰到的难度也越大。"天上不会掉馅饼"，幸福皆由奋斗生！

人生能有几回搏
做人做事不容"差不多"

很多人抱怨着生活，抱怨的理由是和别人比"差太多"；

很多人抱怨着工作，抱怨的理由还是和别人比"差太多"！

殊不知，生活中的"差太多"和工作上的"差太多"，包括由此带来的所有不快乐，不论是直觉还是错觉，始作俑者就一个——做人做事"差不多"就得了。

因为有"差不多"来指挥和考核自个儿，所以，生活和工作必是小富即安、小进则满，小有付出和收获就安慰自己说"可以了"。

学业差不多得了，工作差不多得了，朋友差不多得了，恋爱差不多得了，婚姻差不多得了……凡此种种得过且过，其实就是低就凑合或者求而不得以后的妥协。

人生能有几回搏，青春不容"差不多"！人生要想往好过，必须摒弃"差不多"！

有自信心
才能更多地储蓄和更快地提升自身价值

人的自信不仅来自比人先进，而且甚至主要是来自昂扬奋进、循序渐进、乘胜前进。

人生自信就是不忘初心，砥砺前行就在与时俱进。

人生自信就是自强不息，积极进取就在鞭策自己。

自信人生就是活得成功，也是人生价值的实现路径。

一个人有了自信心，才能增强进取心，才会迸发出不竭的内生动力，从而不断地充实自己，提高自己，更多地储蓄和更快地提升自身价值。

只有轻装上阵
才能快速远行

人越是成熟越知道减负，越能合理减负人越成熟。

心理包袱越轻，走起来越轻松；

心理包袱越重，越是寸步难行。

只有轻装上阵，才能快速远行，

甘愿吃亏受累，总有福报回馈！

人生在世 言逊为宜

"为将之道，当先治心。泰山崩于前而色不变，麋鹿兴于左而目不瞬，然后可以制利害，可以待敌"。

满招损，谦受益。人生在世，言逊为宜。

"有过人之行而口不自明，有高世之功而心不自居"，这是公认的君子自厚之道！

百折不回
向理想彼岸坚毅奋飞

人一出生,便是"劫后重生";

人的一生,都是"劫后余生"。

没有谁活得顺顺利利、轻轻松松。

多少人都是含辛茹苦、负重前行;多少人不是冒雨迎风、风雨兼程!

多少回不是刚刚把梦想放飞,却无数次被碾压得支离破碎,但是,我们百折不回,依然向理想彼岸坚毅奋飞;

多少次不是刚刚踏上出征路,却无数次被顽敌残酷地隔阻,但是,我们绝不服输,依然向美好生活开疆拓土!

安分守己度时光
内敛积蓄正能量

朴实无华，不是没有生活品位，而能在柴米油盐的琐碎杂事和鸡毛蒜皮的家长里短里，获得纯真的欣慰。

劳碌奔忙，不是没有生活保障，而是通过生生不息和奋斗不止的发愤图强，真正做到有一分力量发一分光芒。

面由心生，心善人美。忍辱柔和是难得，随处仁和延岁月。

安分守己度时光，内敛积蓄正能量。"正当夏日弄晴时，荷塘凭栏芦苇丛，画眉小扇蓬影动，岸边闲坐钓鱼台，水上芙蓉次第开，幕落风微舟楫横，旖旎映光故人来。"

每一步攀登都有脚踏实地的坦然

仁者亲山!

人的一生正像一次登山,登山的重要意义不在于征服了高山,而在于坚持到底的信念征服了想要放弃的闪念。

仁者爱山!

山总能给人以安全感,每一步登山都有脚踏实地的坦然,每一座高山都让人觉得可靠安全。

图书在版编目（CIP）数据

人生思绪 / 水淼著 . -- 哈尔滨：黑龙江人民出版社，2020.3（2023.1重印）
ISBN 978-7-207-12029-8

Ⅰ.①人… Ⅱ.①水… Ⅲ.①人生哲学—通俗读物 Ⅳ.① B821-49

中国版本图书馆 CIP 数据核字（2020）第 039156 号

封面题字：徐　里
责任编辑：滕文静
封面设计：滕文静

人生思绪

水　淼　著

出版发行：黑龙江人民出版社
地　　址：哈尔滨市南岗区宣庆小区 1 号楼（150008）
网　　址：www.hljrmcbs.com
印　　刷：北京一鑫印务有限责任公司
开　　本：787×1092　1/16
印　　张：27.75
字　　数：240 千字
版次印次：2020 年 3 月第 1 版　2023 年 1 月第 2 次印刷
书　　号：ISBN 978-7-207-12029-8
定　　价：88.00 元

版权所有　侵权必究　　　　举报电话：（0451）82308054
法律顾问：北京市大成律师事务所哈尔滨分所律师赵学利、赵景波